프롤로그

> 우리
> 수학 선생님이에요.

지금 여러분이 손에 쥐고 있는 이 책에는 83가지 '마술 수학 게임'이 들어 있습니다. 그럭저럭 괜찮은 읽을거리를 넘어 추론 능력의 길잡이가 되고, 여러분에게는 보람을, 친구와 가족들에게는 즐거움을 안겨주는 것이 바로 이 책의 꿈입니다.

이 책을 다 읽는다고 해서 우리가 마술사가 되는 것은 아닙니다. 기차를 뿅- 하고 증발시키면 관객들이 두 눈을 비비는 그런 일은 없을 겁니다. 비둘기나 장미가 모자에서 튀어나오는 비밀을 배우는 것도 아니고, 마법사나 화려한 마술사가 될 수도 없습니다. 여기서 연마할 마술은 그런 게 아니거든요.

우리가 사는 이 세상엔 여러 종류의 음악이 있지요. 누군가는 장르를 불문하고 음악이면 다 좋다고 할 수도 있지만, 개인 취향이 있을 수도 있습니다. 가령 옹기종기한 실내악은 웅장한 오페라와는 다르지요. 《너무 재밌어서 잠 못 드는 수학》은 커다란 무대와는 잘 어울리지 않습니다. 하지만 트릭을 파헤치거나 뭔가에 도전하길 좋아하는 몇 명이서 거실 탁자에 둘러앉아 친밀함을 즐기는 데에는 안성맞춤이지요. 유쾌한 이야기가 오가는 화기애애한 분위기 속에서 말이에요.

마음껏 마술 수학의 세계를 즐기시길 바랍니다. 미스터리한 마술과 신기한 수학이 만나 우리 모두의 과학적 호기심과 사고 능력을 길러줄

거예요. 조금만 생각하며 읽으면 재미와 즐거움이 따라옵니다. 그리고
여러분은, 분명 마술 수학의 매력에 빠져들 것입니다.

단계

여기 소개된 83가지 마술은 수학과 논리력을 바탕으로 합니다. 능수능
란한 눈속임 연습 없이도 누구나 선보일 수 있지요. 각 장마다 마술 지
팡이가 난이도를 짚어줄 거예요.

초보	어린 독자를 비롯해, 마술 수학과 차근차근 친해지길 원하는 모든 독자를 위한 단계입니다.	
고수	도전과 경연을 즐기거나 마술 수학과 조금 친숙해진 모든 독자를 위한 단계입니다.	

책의 뒤편에는 테마 별로 마술을 묶어둔 목록이 있습니다.
- 카드 마술(즉흥 마술, 키카드 마술, 사전 준비가 필요한 마술)
- 일상 소품 마술
- 특별 도구 마술
- 연산 마술(종이, 연필, 계산기)
- 연산 종류별 분류

누구나 소화할 만한 간단한 마술들(83 꼭지 중 절반 이상)은 주로 앞
쪽에 소개되어 있습니다. 그리고 순서에 상관없이 마음 가는 대로 골
라 읽을 수도 있습니다.
서투르다고 주눅 들지 마세요. 마술사 같은 손재주는 전혀 필요하지

않답니다. 이건 저절로 되는 마술이에요.

수학 때문에 어렵다고요? 그건 누구나 마찬가지예요.

부딪혀보세요. 그럼 재미를 알게 될 겁니다!

또 다른 아이디어가 샘솟더라도 놀라지 마세요. 처음부터 이 책은 여러분의 창의력과 상상력을 북돋기 위해 만들어졌으니까요.

페이지가 넘어갈수록 자신감이 붙는다면 그건 제 계획이 성공했다는 증거입니다. 그러니 꿈을 가지세요. 그리고 놀면서 똑똑해지세요.

읽고 생각하고 연습하며 즐기기를 응원합니다! 단언컨대, 남녀노소 온 가족이 모두 함께 즐기게 될 겁니다.

수학도 유쾌한 게임이 될 수 있습니다. 장기자랑의 꽃도 되곤 하지요!

저와 함께 마술 수학을 즐기다 보면 어느새 여러분은 수학 마술사가 되어 있을 거예요!

그럼, 시작해볼까요?

도미니크 수데
dominique.souder@gmail.com

차례

프롤로그   6

○ Chapter 1   시작은 가볍게   13

○ Chapter 2   카드 트릭 첫걸음   22

○ Chapter 3   감쪽같은 마술 도구   31

○ Chapter 4   카드 섞기에 현혹되지 말 것   38

○ Chapter 5   자르기만 해도 마술   52

○ Chapter 6   속임수에도 준비가 필요한 법   60

○ Chapter 7   미리 계산된 계산 마술   71

○ Chapter 8   도구를 이용한 트릭   82

○ Chapter 9   빙글빙글 돌다가 원점으로   89

○ Chapter 10   산술?마술! 9의 성질과 마방진   101

○ Chapter 11   콧대 높은 도전자를 길들이는 마술 대결   116

○ Chapter 12   카드와 숫자 마술   135

○ Chapter 13   인터넷 마술 초대   146

○ Chapter 14   수학 축제   161

○ Chapter 15   수학식이 트릭이 될 때   167

○ Chapter 16   창의력 살리고 개성 넘치고   176

○ Chapter 17   카드 두 벌을 한 번에   188

○ Chapter 18   눈 뜨고 코 베이는 트릭   193

○ Chapter 19   불변수를 찾아서   197

○ Chapter 20   카드 마술과 기수법이 만나면   210

○ Chapter 21   미스터리한 정수의 합동   221

○ Chapter 22   문제는 논리력   237

○ Chapter 23   암산도 마술   243

○ Chapter 24   홀이나 짝이냐, 그것이 문제로다   247

너무 재밌어서 잠 못 드는 수학 - 풀이   254

마술 찾아보기   287

시작은
가볍게

일상용품도 마술 도구가 될 수 있다는 사실!
우리 주변에는 재미난 수학이 생각보다 많이 숨어 있습니다.
필요한 도구는 대부분 집 안에 널려 있고 가격 또한 부담 없지요.
그렇담 밑져야 본전, 한 번쯤 도전해볼 만하죠?

재봉용 줄자

요즘은 직접 옷본을 떠서 바지나 원피스를 만드는 일이 예전처럼 흔치 않지만, 그래도 집집마다 잠들어 있는 재봉용 자가 하나쯤 있을 겁니다. 흔히들 '줄자'라고 부르죠. 이 구불구불한 자는 양면에 1부터 150까지 눈금 표시가 있어서 1.5미터까지 넉넉히 잴 수 있어요. 편의상 이자를 '1.5줄자'라고 부르기로 합시다.

지금부터 소개할 마술은 관객 두 명이 필요합니다. 한 명당 메모지 한 장, 연필 한 개, 클립 한 개를 준비해주세요. 물론 1.5줄자도 하나씩 필요합니다. 마술사는 바로 여러분이고, 관객 역할은 친구 중 두 명에게 부탁하세요.

이럴 수가!

마술사는 친구들이 고른 숫자를 모르는데도 합을 알아맞힙니다.

마술쇼는 이렇게

❶ 친구들에게 한 가지 예언을 하겠다며 종이에 숫자 302를 써서 접은 후, 잘 보이는 탁자에 올려둡니다.

❷ 첫 번째 친구에게 1.5줄자 중 원하는 곳에 클립을 하나 끼우고, 클립의 긴 쪽에 걸린 숫자를 자기 종이에 옮겨 적게 합니다.

❸ 두 번째 친구도 같은 방식으로 숫자를 옮겨 적습니다.

❹ 1.5줄자를 첫 번째 친구에게 건네주며 두 번째 친구가 꽂은 클립의 뒤쪽(짧은 쪽)에 걸린 숫자를 자기 종이에 옮겨 적게 합니다.

❺ 두 번째 친구에게도 1.5줄자를 건네주며 첫 번째 친구가 꽂은 클립의 뒤쪽 숫자를 자기 종이에 옮겨 적게 합니다.

❻ 두 친구에게 각자 적은 두 수를 더하게 합니다.

❼ 이제 각자의 합을 공개하고,

❽ 그 합을 서로 더합니다. (첫 번째 친구가 구한 합+두 번째 친구가 구한 합)

❾ 이제 예언을 공개할 차례입니다. 최종 합계는 바로⋯ 302!

트릭 파헤치기

클립 앞뒤로 걸린 줄자 양면의 두 수를 잘 살펴보세요. 한 면에는 눈금이 1부터 150까지, 다른 면에는 150부터 1까지 표시되어 있을 거예요. 그러니 앞뒤로 마주 보는 두 수의 합은 언제나 151(cm)이 나오게 되어 있지요.

$150+1=149+2=148+3=\ \cdots\ =60+91$ 등으로요.

따라서 두 클립 양쪽에 걸린 숫자의 합은 151을 두 번 더한 것과 같기 때문에 언제나 302가 나옵니다. 친구들에게 숫자를 서로 바꾸어 더하게(자기 클립 앞면 숫자+친구 클립 뒷면 숫자) 한 이유는 두 사람 모두 합이 151이 나오는 위험한 상황을 막기 위해서지요. 그랬다간 트릭이 단번에 들통날 테니까요.

→ 수학 덕후를 위한 보충 설명은 255쪽을 참조하세요.

세 개의 주사위

이럴 수가!

마술사는 모르는 숫자 다섯 개의 합을 알아맞힙니다.

마술쇼는 이렇게

❶ 마술사가 뒤돌아서면 관객은 1부터 6까지 적힌 주사위 세 개를 세로로 쌓고 종이 원통(두루마리 화장지 심지 등)으로 덮어 가립니다. 이제 주사위 탑에는 제일 윗면 숫자밖에 보이지 않겠죠?

❷ 마술사는 다시 앞으로 돌아 메모지에 답을 써서 뒤집어놓습니다.

❸ 관객은 종이 원통을 벗기고 주사위를 하나씩 내리며 수평면(옆면을 제외한 윗면과 아랫면)에 나타나는 숫자들을 암산으로 더합니다. 단, 처음부터 공개된 제일 윗면 숫자는 제외해야 하므로 더할 숫자는 모두 다섯 개입니다.

❹ 이제 마술사가 미리 써둔 메모를 펼치면? 그곳엔 다섯 숫자의 합이 적혀 있습니다!

트릭 파헤치기

모든 주사위는 마주 보는 두 면의 합이 7이 되도록 만들어져 있습니다(1+6=2+5=3+4). 세 주사위의 수평면에 적힌 여섯 숫자를 합하면 7×3=21이 되겠지요.

따라서 마술사는 21에서 제일 윗면 숫자를 뺀 값을 메모지에 적으면 됩니다. 예컨대 윗면 숫자가 4라면 21-4=17이므로 17을 써두면 된다는 말씀!

이제 여러분 차례!
같은 원리를 이용해서 주사위 탑을 4층으로 쌓을 수도 있겠죠? 그땐 어떻게 해야 수평면의 합을 구할 수 있을까요?

→ 해답은 255쪽에.

이심전심, 전화 연결

텔레파시가 존재한다는 걸 알게 되면 친구는 어떤 반응을 보일까요?

이럴 수가!
마술사가 비밀 조력자와 텔레파시를 주고받습니다.

마술쇼는 이렇게
❶ 여러분은 먼 데 사는 특별한 능력자를 한 명 알고 있다며 전화로 증명해보겠다고 친구에게 자랑합니다.

❷ 친구에게 트럼프 카드 32장 중 하나를 골라 이름을 말해보라고 하세요.

❸ 그리고 전화번호 수첩을 꺼냅니다.

❹ 보란 듯이 능력자에게 전화를 걸어 인사를 나눈 후("잘 지내셨어요?"), 방금 어떤 그림 카드 하나를 보냈는데 느끼지 못했는지 물어봅니다.

❺ 이제 카드를 고른 친구에게 수화기를 넘겨주세요. 능력자가 카드 이름을 정확히 알아맞힐 테니까요!

트릭 파헤치기

먼저 트럼프 카드 32장을 준비해야 합니다. 여러분의 전화를 받아줄 조력자와 함께 카드마다 사람 이름을 하나씩 붙인 표를 만드세요(예: ◆8=파스칼). 표는 조력자와 한 장씩 나누어 갖고, 전화번호 수첩에도 그럴싸하게 옮겨 정리해둡니다. 이렇게 하면 조력자는 여러분이 전화를 걸며 부르는 이름을 듣고 바로 카드를 눈치채게 될 거예요.

	♥	♠	♣	♦
7	아드리앙	드니	질베르	니콜라
8	앙드레	에밀	앙리	파스칼
9	앙투완	파비앵	장	피에르
10	아르센	프랑수아	쥐스탱	라울
J	보리스	가브리엘	마르셀	르네
Q	카미유	조르쥬	모리스	로베르
K	크리스티앙	제라르	미셸	이브
A	크리스토프	제르베	물루드	제피랭

주의사항: 이름이 적힌 표를 조력자와 나눠 가져야 한다는 것을 꼭 기억하세요. 마술을 시작하기 전에도 조력자가 표를 갖고 있는지 확인해야 합니다.

하나 더! 조력자에게 전화할 때 자칫 진짜 이름을 부르지 않도록 주의하세요. 반드시 표에 있는 이름을 불러야 합니다.

이제 여러분 차례!
트럼프 카드 한 벌(52장)을 모두 사용하도록 표를 채워봅시다. 조력자가 여자라면 표 속 이름도 여자 이름으로 바꾸는 것이 좋겠지요.

→ 해답은 255쪽에.

숨은 동전 찾기

이럴 수가!

10원짜리와 100원짜리 동전을 하나씩 준비합니다. 두 동전을 친구에게 건네주며 하나는 오른손에, 하나는 왼손에 보이지 않게 쥐게 하세요. 이제 여러분은 친구가 어느 손에 어떤 동전을 쥐고 있는지 알아맞히면 됩니다.

마술쇼는 이렇게

❶ 친구에게 양 손에 쥔 동전의 숫자를 각각 10으로 나누게 합니다.

❷ (그다음) 오른손에는 4를 곱하고 왼손에는 3을 곱해 서로 더하게 하세요.

❸ 그 합이 홀수인지 짝수인지 물어봅니다. 필요하다면 '짝수'는 2, 4, 6, 8, 0으로, '홀수'는 1, 3, 5, 7, 9로 끝나는 숫자라고 알려줘도 좋습니다.

❹ 홀수가 나왔다면 친구가 구한 합은 43일 거예요. 그리고 이때 10원짜리 동전은 왼손에, 100원짜리 동전은 오른손에 들어 있습니다.

❺ 짝수가 나왔다면 친구가 구한 합은 34일 것입니다. 이때는 10원짜리 동전이 오른손에, 100원짜리 동전이 왼손에 들어 있습니다.

이제 여러분 차례!

• 금액을 높여서 복잡한 숫자를 만들어보세요. 동전 금액을 10으로 나눈 후에 한 손에는 홀수, 다른 손에는 짝수가 오기만 하면 됩니다. 어떻게 해야 동전 위치를 맞힐 수 있을지도 생각해보세요.

• 홀짝만 알아도 마술을 하기에는 충분해요. 그러니 합을 안다는 티는 절대 내지 마세요. 친구의 의심을 살 수 있습니다.

Chapter 2

카드 트릭
첫걸음

트럼프 카드를 모르는 사람이 있을까요?
특히 마술사에겐 마르지 않는 영감의 원천이기도 하지요.
52장이든 32장이든, 그보다 더 적더라도 상관없습니다.
몇 가지 트릭만 알면 얼마든지 수학 마술이 가능합니다.

조커의 속삭임

이럴 수가!

트럼프 카드 속 조커가 비밀 카드를 귀띔해줍니다.

마술쇼는 이렇게

❶ 조커를 포함한 카드 한 벌(53장)을 준비해서 마술을 구경할 관객에게 섞어달라고 부탁합니다.

❷ 관객이 섞기를 마칠 때쯤, 조커 빼두는 것을 깜빡했다며 잠시 패를 돌려받으세요.

❸ 돌려받은 패 앞면이 여러분 쪽을 향하도록 부채꼴로 펴고, 제일 위쪽에 있던 세 장의 이름을 슬쩍 확인합니다.

❹ 조커를 골라내고 남은 카드 52장을 관객에게 돌려주세요.

❺ 관객은 테이블 왼쪽에 한 장, 가운데 한 장, 오른쪽에 한 장씩 카드를 뒤집어 내려놓으며 전체를 세 패로 나눕니다. 손에 있는 카드가 모두 없어질 때까지 계속합니다.

❻ 이제 여러분이 봐둔 카드 세 장은 각 패의 제일 밑에 깔려 있겠죠?

❼ 끝으로 조커를 왼쪽 카드 패 밑에 살짝 끼웠다 빼며 곧장 여러분 귀에 갖다 대세요. 아, 조커가 무슨 카드를 봤는지 알려줬군요!

❽ 조커에게 들은 카드 이름을 얘기하며 패를 뒤집어 확인시켜주세요.

❾ 남은 두 개의 카드 패에도 똑같이 하면 됩니다.

이제 여러분 차례!
제일 위쪽 카드 네 장을 외우고 카드를 네 패로 나눠 알아맞히는 마술도 도전해보세요.

알아맞혀봅시다, 척척박사님

이럴 수가!

마술사는 척척박사님의 도움으로 관객의 비밀 카드를 알아맞힙니다.

마술쇼는 이렇게

❶ 관객에게 트럼프 카드를 넘겨주고, 30~39 중에서 마음에 드는 숫자만큼 카드를 떼어 테이블에 올려두게 합니다. 그동안 여러분은 뒤돌아 있으세요.

❷ 관객은 자신이 택한 수를 이루는 두 숫자를 더한 후, 밑에서부터 그 합만큼의 높이에 있는 카드를 확인합니다.

예: 32장의 카드를 뗐다면 3+2=5이므로 밑에서부터 다섯 번째 카드를 꺼내 이름을 확인하고 제자리에 넣어둡니다.

❸ 이제 여러분은 앞으로 돌아서서 척척박사님과 함께 카드를 알아맞힙니다. 주문을 외워볼까요?

❹ "이중에 어떤 카드가 정답일까요? 알아맞혀 봅시다. 딩동댕. 척척박사님!"

❺ 한 글자당 한 장씩 위에서부터 카드를 짚어가며 주문을 외다 보면 마지막 글자에 걸린 카드가 바로 관객의 카드입니다.

트릭 파헤치기

이 마술의 비밀은 척척박사님 주문이 가진 글자 수에 있습니다. 어떤 경우든 28자로 된 주문만 말하면 비밀 카드가 걸리게 되어 있거든요. 관객이 뗀 카드가 30장이라면 3+0=3이므로 밑에서부터 세 번째 카드를 고르겠지요? 그런데 이 카드를 위에서부터 세어보세요. 28번째에 해당할 것입니다.

또는 관객이 뗀 카드가 31장이라면 3+1=4이므로 밑에서부터 네 번째 카드를 골랐을 것입니다. 그런데 이 카드도 위에서부터 세어보면 역시 28번째입니다. 나머지 경우도 모두 동일해요.

이제 여러분 차례!

숫자를 20~29 중에서 고르는 것으로 바꾼다면 위에서부터 몇 번째 카드를 골라야 할까요? 여기에 맞는 주문도 개발해보세요.

→ 해답은 257쪽에.

코흘리개 동생도 홀수(1, 3, 5, 7, 9)와 짝수(2, 4, 6, 8, 0)는 구분할 줄 알죠. 이렇게 간단한 '홀짝'은 '패리티 검사'의 기본 원리입니다. 1과 0을 이용하면 상황도 판별할 수 있고(**예:** 전기가 흐르는 상태 vs 흐르지 않는 상태), 색깔도 구분할 수 있어요(**예:** 체스판 칸의 색). 이번에 소개할 마술도 같은 원리입니다.

빨간 카드, 검은 카드

이럴 수가!

마술사는 관객의 패에 들어 있는 빨간 카드가 몇 장인지 알아맞힙니다.

마술쇼는 이렇게

❶ 트럼프 카드에서 하트(♥)와 다이아몬드(♦)는 빨간색이고 클로버
(♣)와 스페이드(♠)는 검은색이죠. 우선 카드 한 벌 중에 원하는 만큼
만 떼어내세요.

❷ 그리고 카드를 두 장씩 뽑으면 세 가지 경우가 나올 수 있다고 친구
에게 설명합니다.

• 두 장 모두 빨간색일 때

• 두 장 모두 검은색일 때

• 한 장은 빨간색, 한 장은 검은색일 때

❸ 실제로 카드를 뽑아 유형별로 분류하는 시범을 보여줍니다.

• 마지막에 카드가 한 장만 남아 쌍을 이룰 수 없다면? 진짜 마술을
할 때 카드를 52장 모두 사용할 테니 문제될 것 없다며 넘어가세요.

• 빨간 카드 쌍과 검은 카드 쌍 개수가 서로 다르게 끝났다면? 그날은
운이 따른다는 증거예요.

• 두 카드 쌍의 개수가 같더라도 걱정 마세요. 몇 장 덜어내면 됩니다.

❹ 분류가 끝났으면 친구와 유형 별로 카드 쌍을 세어봅니다. 물론 우

연히 나눈 결과답게 장수도 제각각이겠죠.

❺ 이제는 친구 혼자 이 과정을 수행하도록 여러분은 뒤돌아섭니다.

❻ 친구는 조커를 제외한 카드 52장을 잘 섞은 후, 두 장씩 뽑아 분류합니다.

❼ 분류가 끝나면 친구에게 검은 카드가 몇 쌍인지 물어보세요. 그럼 여러분은 (굳이 앞을 돌아보지 않고도) 빨간 카드와 혼합 카드가 각각 몇 쌍인지 알아낼 수 있을 거예요.

트릭 파헤치기

1. 혼합 카드 패에는 당연히 빨간 카드와 검은 카드 장수가 동일하겠죠? 한 장씩 모여 쌍을 이룬 상태니까요.

2. 그렇다면 나머지 두 패에 들어 있는 빨간 카드와 검은 카드 장수도 자연히 같아질 거예요. 다시 말해 빨간 카드 패와 검은 카드 패 장수는 언제나 동일합니다.

3. 하나 더 기억해둘 것은 카드 52장에서 두 장씩 뽑다보면 총 26쌍이 나온다는 것입니다.

예: 검은 카드 패가 일곱 쌍이라면 빨간 카드 패에도 일곱 쌍이 들어 있습니다. 그리고 26-2×7=12이므로 혼합 카드 패에는 열두 쌍이 들어 있다는 것을 알 수 있습니다.

유용한 팁

• 친구에게는 혼합 카드 쌍을 먼저 밝히는 게 좋아요. 그래야 빨간 카

드와 검은 카드 장수가 같다는 사실을 눈치챌 위험이 줄어듭니다.

• 친구가 너무 쉬운 마술이라고 콧방귀를 뀐다면 같은 색 카드 두 장을 몰래 빼둔 채로 친구에게 직접 해보게 하세요. 입이 떡 벌어질 겁니다!

우리 결혼했어요

이럴 수가!

마술사는 잘 섞인 트럼프 카드 속 왕과 왕비를 같은 무늬끼리 맺어줍니다. 눈으로 보지도 않고 등 뒤에서 말이에요!

미리 준비하기

퀸(Q) 카드 네 장과 킹(K) 카드 네 장을 골라 두 패를 같은 순서로 정렬합니다.

예: 퀸 카드를 '클로버-다이아몬드-하트-스페이드' 순으로, 이어서 킹 카드도 '클로버-다이아몬드-하트-스페이드' 순으로.

이렇게 해두면 네 명의 왕과 네 명의 왕비가 같은 무늬끼리 만나게 됩니다.

예: 클로버 킹&클로버 퀸, 다이아몬드 킹&다이아몬드 퀸….

마술쇼는 이렇게

❶ 관객 중 한 명에게 카드를 떼게 하고 떼어낸 카드는 패의 제일 밑으로 옮깁니다.

❷ 또 다른 관객에게 한 번 더 떼게 합니다. 원하는 관객 모두에게 기회를 줘도 좋습니다.

❸ 이제 여러분은 결혼식 주례를 맡게 되었습니다. 관객들에게 예식의 시작을 알리세요.

❹ 카드를 돌려받고,

❺ 등 뒤에서 네 장씩 두 패로 나눈 상태로 한 손에 모아 줍니다.

❻ 다른 한 손으로 각 패의 제일 위쪽 카드를 한 장씩 빼어 펼칩니다. 같은 무늬가 나왔죠?

❼ 계속해서 제일 위쪽 카드를 한 장씩 차례로 빼면 백발백중 같은 무늬끼리 만나게 됩니다.

트릭 파헤치기

카드를 떼어 밑으로 옮기더라도 네 커플의 순서는 바뀌지 않습니다. 테이블 위에 카드 여덟 장을 원형으로 펼쳐놓고 떼어보세요. 카드가 계속해서 원형으로 돌아갈 뿐, 네 장씩 반으로 나누면 무늬는 항상 같은 순서를 유지합니다.

Chapter 3

감쪽같은
마술 도구

기상천외한 마술쇼에는 특별한 도구가 필요한 법!
하지만 만드는 과정은 생각보다 간단하답니다. 멋진 도구를 내 손으로 만들었다는
자부심도 생기고 상황별로 응용하기도 쉽지요. 생각지도 못한 자신감까지 덤으로
따라올 거예요. 그래도 망설여진다면? 이번 마술을 한번 눈여겨보세요.

마술
9

✦ 마술 도구와 덧셈 ✦

이럴 수가!

관객이 표에서 숫자 다섯 개를 고르면 마술사가 그 합을 알아냅니다.

미리 준비하기

1. 합이 100이 나오는 서로 다른 숫자 열 개를 생각해봅시다.

예: 5+6+8+9+11+7+10+13+15+16=100

2. 이 숫자들을 다섯 개씩 둘로 나눕니다.

3. 가로 여섯 칸, 세로 여섯 칸짜리 표를 그리고, 왼쪽 제일 위 칸에는 더하기 부호(+)를 넣어 덧셈표를 만듭니다.

4. 첫 번째 가로줄에는 처음 다섯 개 숫자를, 첫 번째 세로줄에는 다음 다섯 개 숫자를 적고, 25개 칸을 25개 숫자 쌍의 합으로 채웁니다.

+	7	10	13	15	16
5	12	15	18	20	21
6	13	16	19	21	22
8	15	18	21	23	24
9	16	19	22	24	25
11	18	21	24	26	27

5. 이제 제일 윗줄과 제일 왼쪽 줄은 잘라 25칸만 남기세요. 마술쇼를 위한 도구가 준비되었습니다!

12	15	18	20	21
13	16	19	21	22
15	18	21	23	24
16	19	22	24	25
18	21	24	26	27

마술쇼는 이렇게

❶ 관객이 되어줄 친구에게 재미난 예언을 보여주겠다고 얘기합니다. 메모지를 가리며 숫자 100을 써서 접은 다음 테이블에 올려두세요.

❷ 이제 친구는 마술 표에 말 다섯 개 올려놓습니다. 말은 한 열에 하나씩, 겹치지 않게 한 행에 하나씩만 두어야 한다는 규칙을 알려주세요.

12	15	18	20	21
13	16	19	21	22
15	18	21	23	24
16	19	22	24	25
18	21	24	26	27

❸ 친구가 결정을 마쳤으면 말이 놓인 다섯 칸 숫자를 모두 더합니다. 예컨대 위 표의 회색 칸 자리에 말을 놓았다면 합은 아래와 같겠지요?

$16+15+21+26+22=100$

❹ 이제 접어둔 메모지를 펼쳐 답을 맞힌 것을 보여주세요.

트릭 파헤치기

친구가 고른 숫자들은 모두 처음 표에 있던 열 개 숫자 중 두 개를 더해 만든 것입니다. 따라서 행과 열이 겹치지 않게 한 줄에 하나씩만 고른다면 처음 열 개 중 같은 숫자가 두 번 이상 들어가는 것을 막을 수 있고, 자연히 열 개가 한 번씩만 더해지게 됩니다. 그러므로 합은 언제나 100!

이제 여러분 차례!

• 숫자의 총합이나 개수를 바꾸어봅시다.

• 1~8 같은 작은 숫자를 이용해 덧셈표를 만들면 36까지밖에 못 세는 어린 동생에게도 마술을 보여줄 수 있습니다. 물론 메모지에 쓸 숫자도 36으로 바꿔야겠죠?

• 곧 할머니의 아흔 번째 생신이 돌아온다면 합이 90이 나오는 마술 표를 만들어보세요. 기특한 손주가 될 수 있을 거예요.

+	3	5	6	7
1	4	5	7	8
2	5	7	8	9
4	7	9	10	11
8	11	13	14	15

4	5	7	8
5	7	8	9
7	9	10	11
11	13	14	15

마술
10

───────── • **마술 도구와 곱셈** • ─────────

덧셈표 마술 도구는 마스터했다고요? 그렇다면 이제 곱셈으로 넘어갑시다.

이럴 수가!

마술사는 관객이 표에서 고른 세 숫자의 연산 결과를 알아맞힙니다.

미리 준비하기

1. 다음 여섯 개의 숫자를 이용해볼까요? 1, 2, 3, 4, 15, 25

이 숫자를 모두 곱하면 결과는 $1 \times 2 \times 3 \times 4 \times 15 \times 25 = 9000$이 됩니다.

2. 여섯 개 숫자를 둘로 나누어 처음 세 개는 가로줄에, 다음 세 개는 세로줄에 채워 넣고, 나머지 아홉 칸은 각 숫자 쌍의 곱으로 채웁시다.

×	1	3	25
2	2	6	50
4	4	12	100
15	15	45	375

3. 제일 윗줄과 제일 왼쪽 줄을 잘라내면 마술표가 완성되지요. 빳빳한 마분지에 옮겨 적는 것도 좋겠군요.

2	6	50
4	12	100
15	45	375

4. 마술사는 예언할 숫자 9000을 미리 메모지에 적어 접어둡니다.

마술쇼는 이렇게

❶ 관객은 아홉 칸 중에 행과 열이 겹치지 않게 세 칸을 고릅니다.

❷ 그리고 선택한 세 숫자의 곱을 구하게 하세요.

❸ 이제 마술사가 메모지를 펼치면 관객이 구한 값이 그대로 적혀 있을 거예요. 답은 물론 9000이겠죠?

트릭 파헤치기

관객이 아래처럼 고른 경우를 생각해봅시다.

$4 \times 45 \times 50 = 9000$

세 숫자는 모두 처음 표에 있던 여섯 개 숫자 중 두 개를 곱해 만든 것입니다. 따라서 세 수의 곱은 처음 표 속 여섯 개 숫자를 모두 한 번씩 곱한 것과 같지요. 그래서 정답은 언제나 9000!

이제 여러분 차례!

어린 동생에게 10의 거듭제곱에 해당하는 숫자들(십, 백, 천, 만, 억)을 가르쳐주면 공부와 재미를 동시에 잡을 수 있습니다. 아래 곱셈표부터 시작해보세요.

×	1	10	1000
1	1	10	1,000
100	100	1,000	100,000
10000	10,000	100,000	10,000,000

평소처럼 가장자리를 잘라 내거나 숫자를 옮겨 쓰는 대신, 글자로 풀어 써보세요. 어린 동생이라도 숫자 읽기와 쉽게 친해질 수 있을 겁니다. 메모지에는 '백억'이라고 적어두면 되겠지요?

일	십	천
백	천	십만
만	십만	천만

숫자 세 개를 골라 서로 곱해봅시다. 0의 개수를 꼼꼼히 세어야 해요! 동생에게 곱한 값을 어떻게 읽는지도 물어보세요.

더 재미난 곱셈표도 만들어봅시다.

Chapter 4

카드 섞기에
현혹되지 말 것

마술사가 관객에게 카드를 떼거나 섞어달라고 할 땐 언제나 그럴 만한 이유가 숨어 있습니다. 속임수를 막기 위해 카드를 섞는다는 말은 핑계에 불과하지요. 지금부터 알려드릴 몇 가지 기술을 잘 기억해두세요. 여러분이 관객이라면 마술사에게 속지 않도록, 여러분이 마술사라면 관객을 잘 속일 수 있도록 도와줄 것입니다.

─────── 카드 떼기의 기본 ───────

이럴 수가!
마술사는 관객이 뗀 카드 패를 보고 관객이 고른 카드가 무엇인지 알 아맞힙니다.

마술쇼는 이렇게
여러분이 어릴 적 호기롭게 선보인 최초의 카드 기술은 아마 이런 종류였을 겁니다.

❶ 패 제일 아래쪽 카드를 미리 봐두고

❷ 관객에게 한 장을 고르게 한 후

❸ 관객이 고른 카드를 패 제일 위에 올립니다.

❹ 그리고 관객에게 카드를 한 번 떼어달라고 한 후,

❺ 뗀 카드를 패 밑으로 넣으면?

❻ 관객이 고른 카드는 당연히 미리 봐둔 카드 다음에 오게 되지요.

❼ 이제 카드 앞면이 여러분 쪽을 향하도록 부채처럼 펼쳐서 비밀 카드를 자랑스레 알아맞히면 됩니다. 위에서부터 쭉 훑어보다가 미리 봐둔 카드의 바로 다음 장을 꺼내면 그것이 바로 정답!

안 봐도 척! 말하는 카드

이럴 수가!

관객은 카드를 한 장 골라서 패에 넣고 여러 번 섞습니다. 마술사는 잘 섞인 카드 패를 돌려받아 한 장씩 차례로 귀에 대어봅니다. 그러면 비밀 카드가 스스로 자백을 할지도 모릅니다!

마술쇼는 이렇게

❶ 테이블에 카드를 다섯 장씩 두 패로 뒤집어서 놓습니다.

❷ 관객에게 그 중 한 장을 골라 그 카드가 속해 있던 패 제일 위쪽에 두게 하세요.

❸ 그리고 그 위에 나머지 패를 올리게 합니다. (한 패가 다섯 장씩이라는 것은 우리만의 비밀입니다!)

❹ 이제 여러분은 뒤돌아서고, 관객은 위에서부터 다섯 장 이하로 원하는 만큼 카드를 떼어 치웁니다.

❺ 이어서 자기 카드가 들어 있는 남은 패를 앞면이 위쪽을 향하도록 뒤집습니다.

❻ 앞면이 보이는 제일 위쪽 카드를 빼서 테이블에 올려놓고, 그다음 카드는 패 제일 밑으로 옮기게 하세요. 그다음 카드는 다시 테이블에 빼둔 첫 번째 카드 위에 쌓고, 그다음 카드는 또 제일 밑으로 옮깁니다. 같은 방식으로 카드가 남지 않을 때까지 반복하게 하세요.

❼ 이제 모든 카드가 테이블에 한 뭉치로 쌓여 있을 것입니다. 카드가 골고루 잘 섞였다고 얘기해주세요.

❽ 여러분이 다시 앞으로 돌아설 차례입니다. 그러니 관객에게 카드 앞면이 보이지 않게 뒤집어달라고 부탁하세요.

❾ 그리고 "알고 보면 트럼프 카드는 꽤나 수다쟁이인데, 대화법을 익히는 게 관건"이라며 약간 능청을 부린 후,

❿ 제일 위쪽 카드를 집어 앞면을 보지 않고 그대로 귀에 갖다댑니다.

⓫ 첫 번째 카드는 아무 말도 하지 않는다고 얘기하세요.

⓬ 그다음 카드도 귀에 댄 후, "조용합니다.",

⓭ 세 번째 카드를 귀에 대고 "이거 묘하군요.",

⓮ 네 번째 카드에는 "안 들려요.",

❺ 다섯 번째 카드에는 "역시 안 들립니다."라고 말합니다.

❻ 그러다 다시 세 번째 카드로 돌아와서는 "이 녀석이군요!"라며 여유 있는 미소를 지으면 관객의 놀란 표정을 보게 될 것입니다!

트릭 파헤치기

이 트릭을 이해하고 싶다면 기억해야 할 것이 있습니다. 카드 앞면이 보이지 않게 뒤집었을 때, 관객이 고른 카드는 항상 밑에서부터 다섯 번째에 있다는 것입니다. 처음에 떼 낸 카드가 몇 장인지는 전혀 상관이 없지요. 따라서 카드 패를 앞면이 보이게 들었을 때 관객이 고른 카드는 언제나 위에서부터 다섯 번째에 옵니다. 그 상태에서 테이블에 첫 번째 카드를 내려놓고, 이어서 세 번째 카드, 다섯 번째 카드를 내려놓게 되므로 관객이 고른 카드는 늘 세 번째 자리에 오는 것입니다.

넷이서 한 마음

이럴 수가!

마술사는 친구 네 명에게 각자 확인해야 할 카드 두 장의 위치를 알려줍니다. 친구들은 차례로 카드를 확인하며 각자 받은 종이에 메모해둘 거예요. 한 번 확인한 카드는 다시 제자리에 넣고, 다음 친구는 한 번 더 패를 섞은 후 자기 카드를 확인합니다. 그런데 이게 웬일? 네 친구의 메모지엔 모두 같은 카드가 적혀 있습니다!

미리 준비하기

이 마술을 이해하려면 카드 22장(타로 카드도 가능), 종이, 연필이 필요합니다.

먼저 특별한 카드 섞기를 배워볼까요?

1. 카드 패를 앞면이 보이지 않게 뒤집어서 왼손에 쥡니다.

2. 왼손에 쥔 카드 뭉치의 제일 위쪽 카드를, 나머지 한 손으로 집어 오른쪽에 둡니다.

3. 왼손에 쥔 카드 뭉치의 두 번째 카드를 오른쪽에 둔 카드 위에 올려 쌓습니다.

4. 왼손에 쥔 카드 뭉치의 세 번째 카드는 오른쪽에 둔 카드들 아래로 넣고,

5. 왼손에 쥔 카드 뭉치의 네 번째 카드는 오른쪽에 둔 카드들 위에 올립니다.

6. 왼손에 쥔 카드 뭉치의 다섯 번째 카드는 다시 오른쪽에 둔 카드들 아래로 넣고, 이렇게 위아래로 번갈아가며 왼손의 카드를 모두 오른쪽으로 옮깁니다.

준비해둔 카드 22장을 위에서 차례로 1~22번까지 번호를 매긴 다음, 이 방식대로 섞어보세요. 그리고 배열이 어떻게 바뀌었는지 확인합니다.

1. 위치가 변함없는 카드가 있나요? 있다면 어떤 카드입니까?

2. 그 카드는 위에서부터 몇 번째 자리에 있나요?

3. 그 외에는 위치가 그대로인 카드가 더 이상 없다는 것을 잘 기억해 두세요.

4. 위치가 서로 뒤바뀐 카드도 있나요? 있다면 어떤 카드입니까?

5. 같은 방식으로 한 차례 더 섞는다면 그 카드 두 장은 어떻게 될까요?

처음 위치	1	2	3	4	5	6	7	8	9	10	11
1회 섞은 후											
2회 섞은 후											

처음 위치	12	13	14	15	16	17	18	19	20	21	22
1회 섞은 후											
2회 섞은 후											

→ 해답은 257쪽에.

이제 여러분 차례!

이 특성을 이용해서 어떤 마술을 만들 수 있을까요?

예를 하나 보여드리지요. 종이 네 장과 연필 하나를 준비하고 친구 네 명을 모아보세요.

마술쇼는 이렇게

❶ 네 친구에게 종이를 한 장씩 나눠줍니다.

❷ 첫 번째 친구에게는 스물두 장 중 여덟 번째와 열네 번째 카드를 확인하게 합니다.

❸ 친구는 확인한 카드 이름을 자기 종이에 적고 아무에게도 말하지 않습니다. 카드는 제자리에 돌려놓으세요.

❹ 패를 두 번째 친구에게 넘기고 앞서 설명한 특별한 방법으로 카드를 섞게 하세요.

❺ 이 친구는 다섯 번째와 여덟 번째 카드를 확인하고 메모해둡니다.

❻ 세 번째 친구도 같은 방법으로 카드를 섞은 후, 여덟 번째와 열네 번째 카드 이름을 메모합니다.

❼ 마지막 친구도 카드를 섞고 다섯 번째와 여덟 번째 카드 이름을 적습니다.

❽ 그리고 다함께 종이를 펼쳐보면 네 장 모두 같은 카드가 적혀 있을 거예요. 원래 우정이란 말하지 않아도 통하잖아요?

이제 여러분 차례!
이 섞기법을 이용해서 카드 번호를 바꿔가며 새로운 마술을 만들어보세요.

자리바꿈 덧셈표

이럴 수가!

관객은 숫자 카드를 이용해 얻은 세 자리 숫자 세 개를 더합니다. 마술
사는 테이블에 미리 뒤집어둔 카드 네 장을 펼치며 관객이 구한 합을
알아맞힙니다.

미리 준비하기

아래 두 식을 계산하고 결과를 비교해봅시다.

$$
\begin{array}{r}
354 \\
+\quad 617 \\
+\quad 498 \\
\hline
= \\
\end{array}
$$

$$
\begin{array}{r}
618 \\
+\quad 394 \\
+\quad 457 \\
\hline
= \\
\end{array}
$$

두 식의 일의 자리 숫자를 비교하고, 십의 자리와 백의 자리 숫자도 비교해봅니다. 뭔가 감이 오지요? 그렇담 여러분도 같은 자리 숫자끼리 바꿔가며 동일한 합을 갖는 세 자리 숫자 세 개를 만들 수 있겠군요. 자, 이제 실전 준비가 끝났습니다.

마술쇼는 이렇게

❶ 마술을 보여주고 싶은 친구 옆자리로 가서 앉으세요.

❷ 친구에게 숫자 카드 아홉 장을 골라 가로 세 줄, 세로 세 줄로 자유롭게 배열하게 합니다. 남은 카드는 여러분이 챙기세요. 예를 들어 아래 같은 결과가 나왔다고 합시다.

	6	3	4
+	1	9	5
+	8	4	7
a	b	c	d

❸ 준비해둔 종이에 세 자리 숫자 세 개를 더해 네 자리 수(abcd)가 나오는 덧셈 틀을 그리세요. 각 숫자 칸의 크기는 트럼프 카드 크기와 같아야 합니다.

❹ 친구가 만든 표의 제일 아랫줄 숫자 세 개를 머릿속으로 더합니다.

❺ 그 합의 일의 자리에 해당하는 숫자를 남겨둔 카드 패에서 찾아 빼냅니다. 카드 숫자가 친구에게 보이지 않게 주의하세요. **예:** 8+4+7=19이므로 일의 자리 숫자 9에 해당하는 9번 카드를 고릅니다.

❻ 이 카드를 d 자리에 앞면이 아래로 향하도록 뒤집어두세요.

❼ 앞서 구한 합(19)의 십의 자리에 해당하는 숫자(1)에 가운뎃줄 숫자 세 개를 더합니다. 예: 1+9+5+1=16

❽ 이번에도 손에 쥐고 있던 카드 패에서 6번 카드를 빼서 c칸에 뒤집어둡니다.

❾ 방금 구한 합(16)의 십의 자리 숫자(1)에 제일 윗줄 숫자 세 개를 더합니다. 예: 6+3+4+1=14

❿ 남은 카드 패에서 4번과 1번을 빼서 4는 백의 자리인 b칸에, 1은 천의 자리인 a칸에 무심하게 뒤집어둡니다.

⓫ 골똘한 표정으로 카드를 쳐다보고 있으면 친구에게 의심을 살 수도 있어요. 그러니 뒤집힌 카드 네 장으로 완전 멋진 마술을 보여주려고 정신 집중 중이라며 조금 기다려달라고 하세요.

⓬ 이제 친구에게 제일 윗줄 카드 중 한 장을 집어 여러분이 그린 표의 첫째 줄 오른쪽 첫 칸으로 옮기게 합니다.

⓭ 그다음, 둘째 줄 카드 중 한 장을 집어 방금 내려놓은 카드 바로 옆에 두게 합니다.

⓮ 이어서 제일 아랫줄 카드 중 한 장을 집어 방금 내려놓은 두 카드 옆에 두게 합니다. 이렇게 해서 덧셈표의 첫줄이 채워졌습니다.

⓯ 친구에게 같은 방식으로 덧셈표 둘째 줄을 채우게 합니다. 셋째 줄 카드 중 한 장을 골라 일의 자리를, 둘째 줄 카드 중 한 장을 골라 십의 자리를, 첫째 줄 카드 중 한 장을 골라 백의 자리를 만들면 됩니다.

⓰ 마지막으로 덧셈표 셋째 줄은 아홉 숫자 중 남은 세 장을 같은 방식으로 옮겨놓으면 됩니다.

⓱ 완성되었습니다. 이제 친구에게 일의 자리 먼저 더하게 하세요. 친구가 합을 말하면 여러분은 일의 자리 카드를 뒤집습니다.

⓲ 십의 자리 숫자도 더하게 하고, 여러분도 십의 자리 카드를 뒤집습니다.

⓳ 친구가 백의 자리까지 계산을 마치면 여러분도 남은 두 장의 카드를 뒤집습니다. 앞서 예로든 경우라면 결과는 아래와 같을 것입니다.

$$
\begin{array}{rrrr}
 & 3 & 9 & 4 \\
+ & 6 & 5 & 8 \\
+ & 4 & 1 & 7 \\
\hline
= 1 & 4 & 6 & 9 \\
\end{array}
$$

트릭 파헤치기

누가 뭐래도 덧셈표는 친구 손으로 만든 것이니 여러분은 모른다고 오리발을 내밀어도 됩니다. 사전 준비 단계에서 확인한 비밀을 알지 못하는 친구로서는 눈치챌 리가 만무하지요.

하지만 덧셈을 하다 '0'이 나오면 난처해질 수 있습니다. 트럼프 카드에는 0이 없으니까요. 따라서 친구가 고른 카드 아홉 장을 잘 지켜보다가 문제가 생긴다 싶을 때면 그중 두 장의 위치를 재빨리 바꾸어 0이 나오는 것을 막아야 합니다. 비뚤어진 줄을 바로 잡는 척하는 것도 방법이 되겠지요.

호주식 카드 섞기

이럴 수가!

마술사는 관객에게 특별한 '호주식' 카드 섞기 법을 알려줍니다. 관객이 이 방법대로 뒤죽박죽 스페이드 카드를 섞고 나면 신기하게도 카드가 번호순으로 정렬됩니다.

미리 준비하기

1. 여러분 손에 카드 한 벌을 뒤집어 잡고, 제일 위쪽 카드를 집어 테이블에 앞면이 아래를 향하도록 내려놓습니다.

2. 그다음 카드는 손에 쥔 패 제일 아래로 옮깁니다.

3. 그다음 카드는 조금 전 테이블에 내려놓은 카드 위에 쌓습니다.

4. 이런 식으로 한 장은 손에 쥔 패 제일 밑으로, 다음 한 장은 테이블 위로 옮기기를 반복하면 결국에는 모든 카드가 테이블에 한 줄로 쌓이게 됩니다. 이것이 바로 호주식 카드 섞기지요.

5. 이제 카드 한 벌(52장) 중에 스페이드 카드 1~8번을 골라냅니다.

6. 앞면이 아래를 향하도록 뒤집어서 1번이 위로, 8번이 밑으로 가도록 차례로 정리합니다.

7. 호주식으로 카드를 섞고 위에서부터 번호를 기록해둡니다.

처음	1	2	3	4	5	6	7	8
섞은 후	8	4	6	2	7	5	3	1

8. 그렇다면 카드를 섞고 난 후 '1-2-3-4-5-6-7-8' 순으로 오게 하려면 처음에는 어떤 순서로 놓아야 할까요?

• 섞은 후 1번이 제일 위에 오려면 섞기 전에는 여덟 번째 자리에 있어야 합니다.

• 그다음 2번이 오려면 2번은 네 번째 자리에 있어야 하고,

• 그다음 3번이 오려면 3번은 여섯 번째 자리에 있어야 합니다.

따라서 섞기 전 순서는 '8-4-7-2-6-3-5-1'번이 되어야 한다는 것을 기억하세요.

9. 이번에는 숫자 카드 여덟 장 대신 퀸 카드 네 장과 킹 카드 네 장을 이용해봅시다. 섞은 후 '♥K-♥Q-♠K-♠Q-♦K-♦Q-♣K-♣Q' 순으로 정렬되려면 처음에는 어떻게 놓아야 할까요?

10. 숫자 카드로 돌아가서 한 가지 더 생각해봅시다. 호주식으로 두 번 연속 섞은 후 '1-2-3-4-5-6-7-8'번이 되려면 처음에는 어떻게 놓아야 할까요?

마술쇼는 이렇게

❶ 지금까지 배운 내용을 토대로 마술을 선보일 차례입니다.

❷ 트럼프 카드 52장 중 스페이드 여덟 장을 골라 '7-8-J-10-9-K-Q-A' 순으로 정리합니다. 이렇게 대중없이 섞인 카드라면 관객도 의심할 이유가 없지요.

❸ 친구에게 호주 식 카드 섞기를 직접 보여줍니다.

❹ 섞은 후에는 카드 순서가 바뀌었다는 것을 확인시켜주세요.

예: "조금 전엔 7번이랑 8번이 제일 위에 있었는데 이젠 아니지?"

❺ 같은 방식으로 친구가 직접 섞어보게 합니다. (여러분이 한 차례 섞 었으니 이번이 두 번째 섞기가 되겠지요?) 그리고 착한 사람이 섞으면 특별한 일이 일어난다고 얘기하세요.

❻ 마술사의 계획대로 카드가 7번부터 A까지 순서대로 정리되었다면 친구에게 척하고 엄지를 들어줍시다!

카드를 다시 1~8번까지 순서대로 정렬한 후, 호주식으로 네 번 연속 섞으며 번호를 기록해보세요. 놀라운 결과가 나올 거예요. 카드가 모 두 제자리로 돌아온 것이 보이시나요?

이제 여러분 차례!

• 친구가 세 명 이상 모였다면 순서대로 정렬한 1~8번 카드를 꺼냅니다. 호주식 섞기를 한 번 보여주고 카드가 완전히 섞인 것을 확인시켜 주세요. 이어서 세 친구에게 한 명씩 돌아가며 같은 방식으로 섞게 한 후, 결과를 보 여주세요. 역시 우정은 모든 문제를 풀어내는군요!

• 또 다른 아이디어가 떠오른다고요? 무늬가 같은 열세 장을 이용해도 좋 습니다. 한 번 또는 여러 번 호주식으로 섞고 나면 어떻게 되는지 결과를 메 모해보세요.

→ 해답은 257쪽에.

자르기만 해도
마술

종이 몇 장에 가위 하나만 있으면
누구나 좋아할 만한 이야깃거리를 만들 수 있습니다.
가위가 없다면 트럼프 카드 떼기도 괜찮지요.
작은 패로 나누기만 해도 놀라운 쇼가 완성되니까요.

마술
16

뫼비우스의 띠와 두 개의 고리

이럴 수가!

마술사는 허리띠 장수 이야기를 들려주며 신기한 종이 고리 쇼를 보여
줍니다.

마술쇼는 이렇게

어느 왁자지껄한 장날, 허리띠 장수는 몰려드는 손님 탓에 발을 동동

구릅니다.

"이거 참, 물건이 모자라겠네!"

마술사는 종이끈의 양 끝을 풀로 붙여 허리띠를 만들고 가로로 자릅니다. 허리띠 하나가 두 개로 바뀐 순간! 장사꾼은 두 배나 팔 수 있게 되었다며 신나게 가게 문을 엽니다.

잠시 후, 이번엔 뚱보 아저씨가 걸어오네요. 제법 긴 허리띠가 필요하겠군요! 마술사는 끈을 한 번 꼬아서 양 끝을 풀로 붙입니다. 뫼비우스의 띠가 생겼습니다. 양면이 하나로 연결되어 안팎에 다른 색을 칠하려야 칠할 수가 없는 끈이지요. 한쪽 면을 색칠해나가면 띠 전체의 색이 바뀌거든요. 마술사는 이번에도 띠를 가로로 자릅니다. 그러자 뚱보 아저씨도 흡족해할 만한 기다란 허리띠가 생겼군요!

여기서 끝나면 섭섭하지요. 이번엔 꼭 붙어 있는 쌍둥이 허리띠를 만들어볼까요? 이 허리띠 만드는 법도 조금 전과 비슷합니다. 차이점이 있다면 종이끈을 두 번 꼬아서 붙인다는 것이지요. 그리고 역시 가로로 자르면? 서로 연결된 두 개의 고리가 생긴답니다.

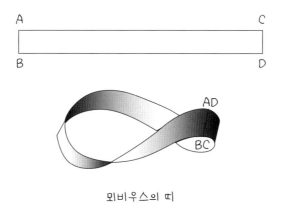

뫼비우스의 띠

· 마법의 가위질 ·

이럴 수가!

16번 마술에서 꼬지 않고 잘라 만든 첫 번째 허리띠 두 개를 아직 갖고 있다면 그 두 개의 고리를 직각으로 붙여 십자(+) 모양을 만드세요. 그리고 관객들 중 도전자를 받아봅시다.

"이 고리를 딱 두 번만 잘라서 버리는 부분 없이 온전한 사각형을 만들 수 있는 분?"

마술쇼는 이렇게

❶ 방법은 다음 그림과 같습니다. 첫 번째 고리를 가로축을 따라 직선으로 자르면 안경 같기도 하고 수갑 같기도 한 모양이 만들어집니다.

❷ 두 개의 안경알 부분을 잇는 넓은 면을 따라 한 번 더 직선으로 자르면 사각형이 만들어집니다.

❸ 사각형이 안쪽 선을 따라 하나, 바깥 선을 따라 하나가 생기니까 총 두 개나 만들어졌습니다! 두 고리 크기가 서로 달랐다면 정사각형 대

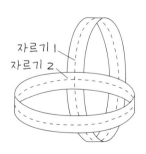

자르기 1
자르기 2

신 세로 변이 긴 직사각형이 생겼을 거예요.

여러분이 방금 익힌 마술을 수학에서는 '위상기하학'으로 분류합니다. 크기나 개수가 아닌 물체의 형태를 연구하는 학문이지요.

마술 18

회전축 마술

이럴 수가!

팔각형 종이의 앞뒷면에는 화살표가 하나씩 그려져 있습니다. 그런데 서로 반대방향을 가리키던 두 화살표가 앞뒤로 몇 번 뒤적이고 나니 같은 방향을 가리킵니다!

미리 준비하기

아래 보이는 팔각형 두 개를 복사해서 잘라낸 후, 뒷면에 풀을 발라 꼭 짓점이 맞닿게 그림처럼 붙이세요. 마술 도구가 준비되었습니다. 팔각 형 한 면은 진회색, 다른 한 면은 연회색인 것을 확인해두세요.

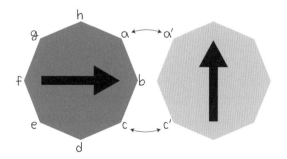

마술쇼는 이렇게

❶ 엄지와 중지로 팔각형의 g와 c 지점을 잡고, 관객들에게 진회색 면과 연회색 면을 보여줍니다. 나란히 누운 두 화살표는 서로 반대방향을 가리키고 있지요.

❷ 이미 몇 가지 마술을 성공리에 마친 상태라면 (암요!) 이런 멘트로 분위기를 잡아봅시다. "수학을 알면 마술에 상당히 도움이 되는데, 제 주변엔 그렇게 생각하지 않는 사람들도 있는 것 같습니다. 반대편을 가리키는 두 화살표처럼 저와 정반대의 생각을 갖고 있어요."

❸ 그리고 팔각형으로 테이블을 톡톡 두드리며 주문을 외웁니다. "아브라카다브라!"

❹ 이제 팔각형의 h와 d 지점을 잡고 관객들에게 진회색 면을 보여줍니다. 이어서 뒷면도 보여주면 어느새 양면의 화살표가 직각을 이루고 있을 것입니다!

❺ 그때 이렇게 이야기하세요. "하지만 제 공연을 반쯤 보고 나면 생각이 바뀌는 분들도 많지요. 화살표 방향이 바뀐 것처럼 말입니다."

❻ 마지막 한 방을 보여줄 차례입니다. 팔각형으로 테이블을 두드리며 한 번 더 주문을 외우세요. "아브라카다브라!"

❼ 관객들에게 다시 진회색 면을 보여주세요. 단, 이번에는 a와 c 지점을 잡아야 합니다.

❽ 오른쪽 위를 가리키는 검은 화살표에 주목해달라고 말하면서 팔각형을 뒤집습니다. 연회색 면의 화살표가 보이겠죠? 그런데 이젠 앞면과 같은 각도로, 같은 방향을 가리키고 있습니다!

❾ 마침내 같은 곳을 향하게 된 두 화살표는 여러분의 바람을 담은 것

이라는 멘트로 무대를 마무리합니다. 공연을 본 모든 분들이 수학으로 친구를 사귈 수 있다는 여러분 생각에 동의하길 바란다고 말이에요.

눈치채셨군요. 가만히 살펴보면 기하학에도 마술이 숨어 있다는 것을 요!
가위질이 번거롭다고요? 그럼 카드 한 벌을 둘로 나누기만 해도 충분합니다. 다음 마술처럼요!

비밀 카드를 찾아라!

이럴 수가!
관객에게 여러 질문을 통해 카드 32장 중 하나를 고르게 합니다. 그런데 이 카드가 마술사의 주머니 속에서 관객이 원하는 시점에 나타납니다!

마술쇼는 이렇게
❶ 알고 보면 '답은 이미 정해져 있고 대답만 하면 되는' 게임이지요. 마술사는 32장의 카드 패를 주머니에 넣고 제일 아래쪽 카드를 확인합니다. 이 카드가 '다이아몬드 7'이라고 가정해봅시다.
❷ 이제 관객에게 묻습니다.

"트럼프 카드에는 빨간색과 검은색이 있잖아. 너는 어떤 색이 더 좋아?"

❸ 이때 친구가 "빨간색"이라고 답한다면 그저 고마울 따름이지요. 하지만 "검은색"이라고 하더라도 "그럼 이제 빨간색이 남았어."라고 넘어가면 됩니다.

❹ 그다음 질문을 던집니다.

"빨간색 카드에서 다이아몬드와 하트 중에 뭐가 더 좋아?"

❺ 답변이 "다이아몬드"라면 더 바랄 게 없습니다. "하트"라고 답했다면 "그럼 이제 다이아몬드가 남았어."라고 하세요.

❻ 그다음 질문입니다.

"다이아몬드 높은 카드(J~A)와 낮은 카드(7~10) 중에 뭐가 더 좋아?"

❼ 친구가 "낮은 카드"라고 답하지 않더라도 "그럼 이제 낮은 카드가 남았어."라고 하면 되겠죠?

❽ "다이아몬드 낮은 카드 중에 짝수가 좋아, 홀수가 좋아?"

❾ 친구가 "짝수"라고 해도 "그럼 이제 홀수가 남았어."라고 합니다.

❿ "다이아몬드 7과 9중에 뭐가 더 좋아?"

⓫ 친구가 "7"이라고 해준다면 깔끔하게 정리되겠지만 "9"라고 해도 "그럼 이제 7이 남았어."라고 하면 되지요.

⓬ 슬슬 마무리해볼까요?

"이제 주머니에서 카드를 꺼낼게. 네가 방금 다섯 번 만에 고른 카드가 이 카드 패 제일 아래 있을 거야."라거나,

"이제 주머니에서 카드를 꺼낼 텐데, 네가 말한 다이아몬드 7을 몇 번 만에 꺼냈으면 좋겠어?"라고 해도 좋습니다.

❸ 그리고 주머니 속 카드 패를 위에서부터 한 장씩 꺼내다가 친구가 원하는 횟수에 맞춰 제일 아래쪽 카드를 꺼내면 됩니다!

속임수에도
준비가 필요한 법

관객 앞에서 물 흐르듯 자연스럽게 트릭을 쓰려면 마술사도 단단히 준비해야 합니다. 카드 마술은 카드를 특정 순서로 정돈해두거나 사전준비가 필요한 경우가 많죠. 코앞의 관객도 눈치챌 수 없게끔 트릭을 준비하고 마술을 선보인 후엔 곧바로 다음 마술로 넘어간다는 건 정말이지… 종합 예술이 따로 없답니다.

합계 알아맞히기

이럴 수가!

관객이 연속으로 카드 열 장을 고르면, 마술사가 그 숫자들의 합을 알아맞힙니다.

미리 준비하기

1. 이 마술은 카드 패를 미리 정돈해두어야 합니다. 무늬 별로 카드를

열 장씩 꺼내 '6-1-8-Q-4-2-10-7-J-5' 순으로 정리하세요.

2. 카드 마다 숫자만큼의 점수를 매깁니다. 잭(J), 퀸(Q), 킹(K) 카드도 차례로 11점, 12점, 13점을 매기면 열 장의 카드 값은 총 68점이 됩니다.

3. 카드 앞면이 아래를 향하도록 뒤집어서 앞서 말한 순서대로 무늬 별열 장 묶음을 준비한 후, 포개어 쌓으면 총 마흔 장의 카드 패가 생깁니다.

4. 이 패는 여전히 앞면이 아래를 향하도록 뒤집은 채로 그 위에 나머지카드 열두 장을 아무렇게나 섞어 올립니다. 이제 준비는 끝났습니다!

마술쇼는 이렇게

❶ 관객이 되어줄 친구에게 카드 점수 매기는 법을 알려준다며 위에서부터 열 장을 집어 함께 더해보세요.

❷ 시범을 마쳤으면 열 장을 다시 카드 패에 올려둡니다.

❸ 그리고 위쪽 카드를 몇 장 떼어 제일 밑으로 옮깁니다. 대여섯 장정도면 적당합니다.

❹ 카드가 바뀌었으니 값도 바뀌었겠죠? 다시 열 장의 합을 구해서 친구에게 합이 바뀐 것을 확인시켜 주세요.

❺ 계산을 마쳤으면 열 장을 제자리에 돌려놓습니다.

❻ 이제 여러분이 먼저 적당량 카드를 떼고, 친구에게도 원하는 만큼떼게 합니다.

❼ 메모지와 연필을 준비하고 신기한 예언을 보여주겠다고 하세요.

❽ 메모지를 가리고 숫자 '68'을 적습니다. 접어서 테이블에 올려두세요.

❾ 이제 친구가 카드 패 위에서부터 열 장을 들춰 합을 구하면 다름 아닌

68이 나올 거예요. 접었던 메모지를 펴서 여러분의 능력을 자랑하세요.

트릭 파헤치기

여러분과 친구가 한 번씩 카드를 떼고 난 후 제일 위에 남게 될 카드 열 장은 한 가지 무늬가 아닐 가능성이 높습니다. 하지만 먼저 나오는 무늬에서 빠진 값(6-1-8…)만큼 두 번째 무늬의 같은 값 카드들이 채워 줄 것입니다.

마방진

이럴 수가!

열여섯 칸짜리 정사각형을 하나 그립니다. 관객은 가로, 세로, 대각선 중 원하는 대로 한 줄을 골라서 그 위의 숫자 네 개를 더합니다. 마술사는 '34'라고 적어둔 종이를 접어 가까운 곳에 두면 됩니다. 합은 항상 동일하게 나올 테니까요.

미리 준비하기

4×4=16칸짜리 마법 사각형에 1부터 16까지 숫자를 채워 넣을 거예요. 만드는 법은 간단합니다. 왼쪽 정사각형 속 숫자 중에서 네 쌍만 교차해서 옮기면 오른쪽 정사각형이 만들어집니다. 표의 중심을 기준으

로 대칭관계에 있는 2와 15, 3과 14, 5와 12, 8과 9의 위치를 바꿔주세요. 이렇게 만든 두 번째 정사각형은 가로, 세로, 대각선, 어느 줄을 고르더라도 합이 34가 나옵니다.

1	2	3	4
5	6	7	8
9	10	11	12
13	14	15	16

1	15	14	4
12	6	7	9
8	10	11	5
13	3	2	16

이런 표를 우리는 '34 마방진'이라고 부릅니다.

마방진 천

미리 준비하기 & 생각하기

1. 앞에서 만든 마방진을 한 칸 건너 한 칸씩 색칠해나가면 체크무늬가 만들어집니다.

1	15	14	4
12	6	7	9
8	10	11	5
13	3	2	16

2. 색이 같은 여덟 칸 숫자를 모두 더하면 합은 얼마입니까?

- 12+13+15+10+7+2+4+5=68
- 1+8+6+3+14+11+9+16=68

→ 마방진 값의 두 배가 된다는 것을 알 수 있습니다.

집에서 가족 중 누군가가 두 가지 색 체크무늬 천으로 뭔가 만드는 걸 본 적이 있나요? 검정/회색 천 같은 것으로 말이에요.

1. 위의 체크무늬 표가 뒷면이 흰색인 정사각형 천 조각이라고 상상해 보세요.

2. 이 천을 가로선이나 세로선을 따라 모서리와 평행하게 접으면 회색 칸은 항상 검은 칸 위에, 검은 칸은 항상 회색 칸 위에 포개집니다. 그리고 하나는 위로, 하나는 아래로 접히지요.

3. 마지막 한 칸만 남을 때까지 계속해서 접습니다. 열여섯 개 칸이 차곡차곡 쌓이겠죠?

4. 탑처럼 쌓인 정사각형 열여섯 개가 분리되도록 가위로 모서리를 얇게 잘라냅니다.

5. 그리고 조각을 위에서부터 하나씩 떼어 보이는 면 그대로(뒤집지 않고) 낱장으로 펼치면 흰색 여덟 장과 다른 색 여덟 장이 보일 것입니다. (뒷면에는 앞면과 다른 색 여덟 장이 있습니다.) 확인해보세요. 우리는 이것을 '패리티의 원리'라고 부릅니다.

한 번 더 실험해볼까요? 이번에는 체크무늬 둘레 중 몇 곳이 모서리와 평행하게 가로나 세로로 찢어졌다고 상상해봅시다. 하지만 천은 여전히 한 조각입니다. 이렇게 하면 정사각형 탑을 쌓는 방법이 더 다양하고 복잡해지겠지만 결과는 변함없습니다. 여전히 앞면에는 한 가지 색여덟 장이 보이고 뒷면에는 나머지 색 여덟 장이 보이지요.

마술사는 흰 천에 마방진 숫자 열여섯 개를 적어 준비하고, 메모지에 '68'을 써서 접어둡니다.

이럴 수가!

1. 관객 중 한 명에게 부분적으로 찢어진 체크무늬 천을 건네주고 정사각형 한 칸을 기준으로 탑처럼 접게 합니다.

2. 모서리를 바짝 자른 후, 숫자가 보이는 면의 값을 모두 더하게 합니다.

3. 마술사는 메모지를 펼쳐 예언을 공개합니다. 합계는 68!

✦ 기묘한 카드 정렬 ✦

마술쇼는 이렇게

❶ 트럼프 카드 중 다이아몬드 A~8번과 클로버 A~8번을 골라 섞고 앞면이 아래로 향하도록 뒤집습니다.

❷ 제일 위쪽 카드를 집어 카드 패 밑으로 옮기고, 그다음 카드를 테이블 위에 펼치면 다이아몬드 A가 나옵니다.

❸ 그다음 카드는 또 카드 패 밑으로 옮기고, 그다음 카드를 테이블 위에 펼치면 다이아몬드 2가 나옵니다.

❹ 같은 방식으로 계속 카드를 펼치면 테이블에는 다이아몬드 A~8번, 클로버 A~8번이 순서대로 정렬됩니다.

트릭 파헤치기

마술사는 카드를 어떻게 정리해둔 걸까요? 벌써 감 잡았다고요?

위쪽 카드를 밑으로 옮기게 되면 일종의 순환이 일어납니다. 종이에 원을 하나 그려서 출발점을 정한 후, 출발점을 포함한 점 열여섯 개를 원 둘레에 찍어보세요. 다이아몬드 A와 다이아몬드 2는 그중 어느 점에 두어야 할까요? 나머지 카드의 위치도 생각해봅시다.

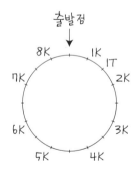

주의사항: 이 마술은 생각처럼 만만치가 않답니다. 요령을 완전히 터득하기 전에 무턱대고 도전하면 뜬금없이 클로버 카드가 튀어나와서 난

처해질 거예요. 결과가 원하는 대로 잘 나오는지 완벽하게 테스트 한 다음에 도전하기 바랍니다.

답은 아래와 같습니다. 하지만 혼자 힘으로 충분히 생각해본 후에 확인하는 것이 좋겠지요?

카드 순서: (위에서부터, 앞면이 아래로 향하도록 뒤집어서) ♣8, ◆A, ♣A, ◆2, ♣5, ◆3, ♣2, ◆4, ♣7, ◆5, ♣3, ◆6, ♣6, ◆7, ♣4, ◆8

이제 여러분 차례!
다이아몬드 열 장과 클로버 열 장으로 이 마술에 도전한다면 어떻게 해야 할까요? 다이아몬드 열세 장과 클로버 열세 장을 쓸 때는 어떻게 달라질까요?

→ 해답은 259쪽에.

──── 즉흥인 듯 즉흥 아닌 즉흥적인 마술 ────

이럴 수가!

관객이 카드를 뽑을 때마다 마술사는 즉석에서 이름을 알아맞힙니다. 뽑은 카드를 패에 다시 합치면 몇 번이고 마술을 반복할 수 있습니다.

미리 준비하기

카드 52장을 미리 정리해서 앞면이 아래를 향하도록 뒤집어놓아야 합니다. 제일 위쪽 카드를 1번, 제일 아래쪽 카드를 52번이라고 차례로 번호를 매겨봅시다.

표시 기호는 아래와 같습니다.

♣ = 클로버, ♦ = 다이아몬드, ♥ = 하트, ♠ = 스페이드
A = 에이스, J = 잭, Q = 퀸, K = 킹

번호		번호		번호		번호	
1	♣A	14	♥A	27	♠A	40	♦A
2	♥4	15	♠4	28	♦4	41	♣4
3	♠7	16	♦7	29	♣7	42	♥7
4	♦10	17	♣10	30	♥10	43	♠10
5	♣K	18	♥K	31	♠K	44	♦K
6	♥3	19	♠3	32	♦3	45	♣3
7	♠6	20	♦6	33	♣6	46	♥6
8	♦9	21	♣9	34	♥9	47	♠9
9	♣Q	22	♥Q	35	♠Q	48	♦Q
10	♥2	23	♠2	36	♦2	49	♣2
11	♠5	24	♦5	37	♣5	50	♥5
12	♦8	25	♣8	38	♥8	51	♠8
13	♣J	26	♥J	39	♠J	52	♦J

이제 카드가 완벽하게 섞여 전혀 이상할 게 없어 보이지만, 사실 알고 보면,

• 숫자는 3의 간격으로 배열되어 있습니다.

1-4-7-10-K(=13)-3-6…

• 무늬는 ♣-♥-♠-♦ 순으로 배열되어 있습니다.

이 규칙은 마지막 ♦J 카드에서 첫 번째 ♣A 카드로 다시 돌아갈 때도 그대로 적용되기 때문에 얼마든지 카드 패를 떼어 밑으로 옮기거나 ♣A 카드가 아닌 다른 카드부터 시작할 수 있습니다. 끝없이 순환하는 배열이지요.

마술쇼는 이렇게

카드 패를 준비했으면 이제 마술을 시작해볼까요?

❶ 마술사는 관객에게 카드를 떼게 하고, 뗀 카드는 카드 패 제일 밑으로 넣습니다.

❷ 카드를 부채꼴로 펼쳐 관객에게 앞면을 보여주고 원하는 카드를 한 장 고르게 합니다.

❸ 관객이 카드를 뺀 자리를 기준으로 패를 둘로 나눈 후, 아래쪽 패를 위쪽에 올려 쌓습니다. 이렇게 하면 카드 패 제일 밑에는 관객이 고른 카드 바로 앞에 있던 카드가 오게 됩니다.

❹ 관객이 자기가 고른 카드를 확인하고 숨기는 동안, 마술사는 카드 패를 고르게 정리하는 척하면서 제일 밑의 카드를 슬쩍 봐둡니다.

❺ 이제 그 카드에 3을 더하고 바로 다음 무늬가 무엇이었는지만 기억해내면 관객의 카드를 알 수 있지요.

예: 제일 밑의 카드가 ◆5였다면 관객이 고른 카드는?

• 숫자: 5+3=8이 되고

• 무늬: ♣-♥-♠-◆ 순으로 배열되어 있으므로 다이아몬드 다음 무늬는 클로버입니다.

→ 따라서 관객이 고른 카드는 ♣8입니다.

주의사항: 무늬 순서 ♣-♥-♠-◆와 숫자 값(J=11, Q=12, K=13)을 잘 기억해두세요.

연습문제: 제일 밑의 카드가 ♥8이었다면 관객이 고른 카드는 무엇일 까요?

다양한 경우를 충분히 생각해본 후 친구 앞에서 도전해보세요.

이제 여러분 차례!
카드를 돌려받아 패 제일 밑에 채워 넣기만 하면 마술을 다시 시작할 수 있습니다. 관객에게 카드를 떼게 하는 것부터 시작하면 되지요. 마술을 반복할수록 친구는 점점 더 놀랄 거예요.

Chapter 7

미리 계산된
계산 마술

이번에는 숫자를 이용한 마술입니다.
종이 한 장과 연필 하나면 준비 끝! 계산기도, 복잡한 연산도 필요 없습니다.
숫자 놀이에 재미가 들리면 수학과 친해지지 않을 수가 없답니다.
아래 몇 가지 마술이 길잡이가 되어줄 거예요.

관객이 알아서 하는 마술

이럴 수가!

몇 번의 연산을 거쳐서 마술사는 관객이 고른 숫자를 찾아냅니다.

마술쇼는 이렇게

관객에게 다음과 같이 계산을 부탁하세요.

"숫자 중에 정수를 하나 고르세요."

"거기에 2를 곱하고"

"9를 더하고"

"처음에 골랐던 숫자를 더한 다음"

"3으로 나누고"

"3을 빼세요."

"자, 처음에 골랐던 숫자가 나왔죠?"

트릭 파헤치기

연필을 들고 숫자를 하나 골라 직접 계산해보고, 또 다른 숫자를 골라 반복해보는 것도 좋은 방법입니다. 하지만 그보다는 수식을 한번 찬찬히 살펴보세요. 숨어 있는 비밀이 보일 것입니다.

• 비밀 하나: 처음 고른 숫자를 눈여겨보세요.

연산 과정		풀이
"숫자 중에 정수를 하나 고르세요."		
"거기에 2를 곱하고"	←	처음 고른 숫자를 두 번 곱하고
"9를 더하고"		
"처음에 골랐던 숫자를 더한 다음"	←	한 번 더해서 총 세 번 곱한 것과 같은 상태입니다.
"3으로 나누고"	←	그 후에 다시 3으로 나누었기 때문에 결국 원래 값으로 돌아오게 됩니다.
"3을 빼세요."		
"자, 처음에 고른 숫자가 나왔죠?"		

• 비밀 둘: 더해진 9를 눈여겨보세요.

연산 과정		풀이
"숫자 중에 정수를 하나 고르세요."		
"거기에 2를 곱하고"		
"9를 더하고"	←	숫자 9를
"처음에 골랐던 숫자를 더한 다음"		
"3으로 나누고"	←	3으로 나누면 몫은 3이 되고
"3을 빼세요."	←	여기서 3을 빼면 값은 0이 됩니다. 이 과정은 눈속임에 불과하지요.
"자, 처음에 고른 숫자가 나왔죠!"		

중학교에서는 이 마술을 수학 언어로 푸는 법을 배웁니다. 처음 숫자를 n이라고 하면 전체 연산은 아래처럼 표현할 수 있습니다.

$[(2n+9+n)/3] - 3 = n$

십진법

마술쇼는 이렇게

❶ 1~9 중 숫자 두 개를 고르세요.

❷ 첫 번째 숫자에 2를 곱한 후,

❸ 두 번째 숫자를 더하세요.

❹ 거기에 5를 곱한 다음

❺ 두 번째 숫자를 네 차례 빼면

❻ 값은 얼마입니까?

이럴 수가!

관객이 만약 '78'이라고 답했다면 첫 번째 숫자는 7, 두 번째 숫자는 8 이라는 뜻입니다. 자신 있게 얘기해보세요.

트릭 파헤치기

1. 첫 번째 숫자부터 살펴봅시다. 첫 번째 숫자에 2를 곱한 다음 다시 5 를 곱했기 때문에 총 10을 곱한 것과 같습니다.

2. 두 번째 숫자는 어떨까요? 두 번째 숫자에는 5를 곱한 후 원래 숫자 를 네 번 연속 뺐기 때문에 처음 값으로 되돌아온 상태입니다.

3. 결국 결과는 첫 번째 숫자에 10을 곱해서 두 번째 숫자를 더한 것과 같지요.

4. 두 숫자를 차례로 a와 b라고 하면 전체 연산은 (10a+b)로 표현할 수 있습니다.

중학교에서 문자를 넣어 계산하는 법을 배우고 나면 식을 다음과 같이 정리할 수 있습니다.

"두 숫자를 각각 a와 b라고 할 때, 5(2a+b)−4b=10a+b이다."

이제 여러분 차례!

같은 방법으로 또 다른 숫자 마술을 개발해보세요. 지금까지 했던 숫자 마술이 잘 이해된다면 문자식을 이용하는 다음 마술로 넘어가도 좋습니다. 초등학생 친구들에게는 조금 어려울 수도 있어요.

이번에는 카드를 이용해서 친구들의 호기심을 유발한 다음 마술(27번 마술), 나이와 태어난 곳을 알아맞히는 맞춤형 마술(28번 마술)에 도전해봅시다.

카드는 거들 뿐

1~10번 카드는 자기 숫자만큼의 값을 가지고, J, Q, K 카드의 값은 각각 11, 12, 13이라고 합시다. 무늬별로도 값을 매겨볼까요? 클로버(♣)는 6, 다이아몬드(♦)는 7, 하트(♥)는 8, 스페이드(♠)는 9입니다. 관객들이 잘 기억할 수 있도록 그림이나 표를 활용하는 것도 좋은 방법

이에요. 도화지에 이렇게 써놓으면 되겠지요?

♣ = 6, ♦ = 7, ♥ = 8, ♠ = 9

마술쇼는 이렇게

관객에게 이렇게 얘기하세요.

❶ "카드를 하나 고르세요."

❷ "그 숫자 값(1~13)에 그보다 하나 더 큰 숫자를 더하세요."

예: 8번 카드라면 8+9

❸ "5를 곱한 다음"

❹ "무늬 값(6~9)을 더하세요."

❺ "얼마가 나왔습니까?"

관객이 '63'이라고 답했다면 처음에 고른 카드가 '하트5'라는 뜻입니다.

트릭 파헤치기

1. 카드의 숫자 값을 c라고 하면? → $(c+c+1) \times 5$

2. 여기에 무늬 값 6~9를 더하면? → $(10c+5+무늬값) = 10(c+1)+(무늬값-5)$

3. 따라서 관객의 답이 '63'이라면 십의 자리 숫자 6은 $(c+1)$에 해당합니다. 따라서 c=5입니다.

4. 일의 자리 숫자 3은 (하트의 무늬값-5)에 해당합니다. 이렇게 생각하면 1=♣, 2=♦, 3=♥, 4=♠를 의미한다는 것을 알 수 있지요.

5. 정리하면 십의 자리 숫자에서 1을 빼면 카드 값이 나오고, 일의 자리 숫자 1~4를 확인하면 해당하는 무늬(♣, ♦, ♥, ♠)를 찾을 수 있

습니다. 이제 관객의 카드를 알 수 있겠지요?

나이와 숫자

(암산이 능숙하지 않다면 계산기를 준비하는 것이 좋습니다.)

이럴 수가!

마술사는 관객의 나이와 10부터 99의 범위 중 좋아하는 숫자를 알아 맞힙니다.

마술쇼는 이렇게

관객에게 이렇게 얘기하세요.

❶ "나이에 해당하는 숫자를 생각하세요."

❷ "거기에 2를 곱하고"

❸ "5를 더하고"

❹ "다시 50을 곱한 다음"

❺ "10부터 99까지 숫자들 중 좋아하는 숫자를 하나 골라 더하세요."

❻ "일 년은 365일이니까 365를 빼세요."

❼ "얼마가 나왔습니까?"

이 숫자를 들으면 여러분은 관객의 나이와 좋아하는 숫자를 알 수 있습니다.

트릭 파헤치기

1. 나이를 a, 좋아하는 숫자를 n이라고 하면 마술사의 질문을 다음과 같이 정리할 수 있습니다.

→ $50(2a+5)+n-365$

→ $100a+n-115$

2. 관객이 말한 값에 115를 더하면

→ $100a+n$

3. 이렇게 식을 정리하고 나면 처음 숫자 두 개는 좋아하는 숫자, 다음 숫자 두 개는 관객의 나이를 의미하게 되지요.

예: a(나이) = 44, n(좋아하는 숫자)=78일 경우,

관객의 계산: $50(44 \times 2+5)+78-365=4363$

이어서 마술사의 계산: $4363+115=4478$

→ 나이는 44세, 좋아하는 숫자는 78인 것을 알 수 있습니다.

이제 여러분 차례!
1년이 366일인 윤년일 때는 어떻게 해야 할까요?

→ 해답은 261쪽에.

도미노 타일을 이용한 마술

이럴 수가!

관객이 스물여덟 개의 도미노 타일 중 하나를 고르면 마술사는 몇 가지 연산을 통해 그 타일을 알아맞힙니다.

마술쇼는 이렇게

❶ 도미노 타일을 테이블에 뒤집어놓습니다.

❷ 관객은 그중 하나를 골라 혼자만 확인합니다.

❸ 마술사는 관객에게 다음과 같이 연산을 부탁합니다.

"왼쪽 숫자에 5를 곱하고,"

"7을 더하고,"

"2를 곱하고,"

"14를 빼세요."

"그 값에 도미노 오른쪽 숫자를 더하면, 값은 얼마입니까?"

❹ 마술사는 관객이 말한 숫자를 듣고 어떤 타일인지 알아맞힙니다.

• 십의 자리 숫자=도미노 왼쪽 숫자

• 일의 자리 숫자=도미노 오른쪽 숫자

트릭 파헤치기

이 마술은 '문자식 풀이'와 '자릿수 표현'을 약간만 이용하면 쉽게 풀

수 있습니다.

도미노 타일의 왼쪽 숫자를 l, 오른쪽 숫자를 r이라고 하면 수식은

→ $(5l+7) \times 2 - 14 + r = 10l + 14 - 14 + r = 10l + r$

따라서 값을 보이는 그대로 표기하면 $\langle lr \rangle$ 형태가 됩니다.

나이가 어린 친구들은 각자 고른 타일을 가지고 직접 계산해보면 이해가 쉬울 거예요.

예를 들어 (4:3)이라는 도미노 타일을 골랐다면,

$(4 \times 5 + 7) \times 2 = 4 \times 10 + 14$

$(4 \times 10 + 14) - 14 = 4 \times 10$

$(4 \times 10) + 3 = 40 + 3$

따라서 43이라고 표기됩니다.

· 양끝의 숫자 ·

이럴 수가!

마술사가 자리를 비운 사이 관객은 도미노 타일 스물여덟 개를 한 줄로 길게 세웁니다. 마술사가 돌아와서 테이블 위에 미리 접어둔 메모지를 펼치면 놀랍게도 도미노 줄 양끝 숫자가 적혀 있습니다.

미리 준비하기

테이블에 도미노 타일 스물여덟 개를 뒤집어놓고, 좌우편 숫자가 다른 타일 중에 하나를 몰래 빼놓습니다. 이 타일 값이 예를 들어 '4:1'이라면 "양끝 숫자는 4와 1"이라고 종이에 써서 테이블에 올려놓으면 됩니다.

마술쇼는 이렇게

❶ 테이블에 도미노 타일을 뒤집어놓습니다.

❷ 친구는 숫자 면이 보이게 타일을 뒤집으면서 도미노 게임을 할 때처럼 같은 값끼리 나란히 놓습니다. 이런 방식으로 타일을 최대한 길게 한 줄로 세웁니다. 그동안 여러분은 친구가 자유롭게 할 수 있도록 자리를 비워주세요.

❸ 친구가 작업을 마치면 여러분은 자리로 돌아와서 사용하지 않고 남겨진 타일이 없는지 확인합니다.

❹ 그리고 종이를 펼쳐 예언이 적중한 것을 보여주세요.

트릭 파헤치기

원래 도미노 타일은 게임 규칙대로 스물여덟 개를 모두 정렬시키면 완전한 원형이 만들어집니다. 따라서 타일 한 개를 빼놓으면 양끝에는 사라진 타일의 숫자와 같은 값이 올 수밖에 없지요. 이 마술을 반복해서 보여주고 싶다면 처음에 빼둔 타일을 슬며시 다시 합친 후 다른 타일을 숨기면 됩니다.

Chapter 8

도구를 이용한 트릭

이번에는 그림 카드를 이용해볼까요?

이 카드들은 한 가지 공통점이 있습니다. 대칭처럼 보이는 문양이 사실은 비대칭이라는 것이지요. 카드를 180° 돌려보면 그림이 뒤집어지지만 그걸 알아채기가 그리 간단치만은 않습니다.

• 물론 클로버 무늬라면 한눈에 알 수 있습니다.

• 착시효과를 이용한 두 번째 카드 속 정육면체라면 중심축이 닿은 온전한 마름모 윗면이 위쪽을 향한 것을 보고 문양의 위아래를 구분할 수 있습니다. 반면 아래쪽에 있는 정육면체 밑면은 중심축을 기준으로 좌우측이 온전한 형태를 갖는 것이 특징이지요.

• 오른쪽 카드는 좀 더 까다롭군요. 카드 위쪽의 잘린 무늬가 카드 아래쪽 잘린 무늬보다 작다는 것을 기억해야 합니다.

이 비대칭 그림 카드를 이용하면 간단한 마술부터 복잡한 마술까지 모두 해낼 수 있습니다. 여기서는 온전한 마름모 윗면이 위쪽을 향하는 정육면체 카드를 이용하기로 합시다.

기본 원리

이럴 수가!

관객이 카드를 뽑아 확인한 후 다시 카드 패에 넣으면 마술사는 다양한 방법으로 그 카드를 찾아냅니다.

미리 준비하기

마술사는 문양이 모두 같은 방향을 향하도록 카드를 정리합니다.

마술쇼는 이렇게

❶ 카드 패를 부채꼴 모양으로 좁게 펼쳐서 관객에게 내미세요.

❷ 관객은 그중 하나를 뽑아 확인합니다. 그동안 여러분은 카드 패 방향을 몰래 180° 돌려놓습니다.

❸ 관객은 확인한 카드를 원하는 자리에 넣습니다. 하지만 여러분은 금방 알아볼 수 있을 거예요. 패를 아무리 섞어도 그 카드만 문양이 뒤집혀 있을 테니까요.

❹ 이제 톡톡 튀는 아이디어로 멋지게 카드를 찾아내면 됩니다. 카드를 네 패로 나누어 비밀 카드가 어디에 들어 있는지 맞춰나가는 것도 재미있겠군요. 상관없는 세 패는 버리고, 남은 카드로 같은 과정을 반복하다가 마지막 한 장, 비밀 카드만 남았을 때 '짠' 하고 펼쳐 보이는 거예요!

홀짝 게임

이럴 수가!

마술사 손은 마술 손이라서 카드 장수가 홀수인지 짝수인지 정확히 알 수 있습니다. 세어볼 필요도 없지요. 물론 관객들은 직접 세어봐야 해요. 마술사 말이 확실하다는 것을 확인해야 하니까요.

미리 준비하기

문양이 바른 카드와 뒤집힌 카드가 한 장씩 번갈아 나오도록 카드를 정리합니다. 첫 번째, 세 번째 같은 홀수 장 카드끼리 한 방향으로 놓고, 짝수 장 카드는 그 반대 방향으로 놓으면 되겠지요? 이 상태에서 카드를 짝수 장(예: 52장) 뗀다면 카드 패 첫 장과 마지막 장 문양은 서로 반대 방향이 될 거예요.

마술쇼는 이렇게

❶ 먼저 카드를 밑에서부터 네 번 떼어 오른쪽에서 왼쪽으로 배열하는 연습을 해보세요. 카드 패 제일 위쪽 카드(손바닥에 닿는 카드) 문양이 '중심축이 닿은 마름모가 위로 오는 형태'라면 그다음 카드는 '중심축이 닿은 마름모가 아래로 오는 형태'라는 사실을 기억해야 합니다.

❷ 이제 제일 오른쪽 카드 패를 봅시다. 위쪽 카드 문양이 (나누기 전 카드 패처럼) '중심축이 닿은 마름모가 위로 오는 형태'라면 이 패의

카드는 짝수 장입니다. '중심축이 닿은 마름모가 아래로 오는 형태'라면 홀수 장이겠지요.

❸ 두 번째 패의 제일 밑 카드는 보지 않고도 알 수 있습니다. 첫 번째 패의 위쪽 카드와 반대 방향일 테니까요.

❹ 그렇다면 두 번째 패의 카드 장수는 짝수일까요, 홀수일까요? 곰곰이 따져보세요.

❺ 나머지 패도 같은 방식으로 유추하면 됩니다.

무조건 이기는 브리지 게임

이럴 수가!

브리지 게임을 할 세 명을 모아 카드를 나눠줍니다. 무심하게 아무렇게나 돌리는 것이 포인트! 그러나 펼쳐보면 스페이드 열세 장이 마술사 손에 들려 있지요.

미리 준비하기

트럼프 카드 한 벌(52장)을 모두 한 방향으로 정리하되 스페이드 카드만 반대 방향으로 놓으세요. 그리고 관객에게 마음껏 카드를 섞게 합니다.

마술쇼는 이렇게

❶ 얼마 전 브리지 게임을 하다가 별난 사람을 만났다는 얘기부터 꺼내볼까요? 한 사람당 열세 장씩 나눠준 것은 변함없지만 특이하게도 차례대로가 아니라 내키는 순서대로 주더라고 말이죠.

❷ 그러면서 여러분도 카드 돌리기를 시작합니다. 한 장씩 돌리되 한 명에게 연속해서 주기도 하고 돌아가며 주기도 하세요. 기억할 것은 각자에게 열세 장씩 나눠주되 방향이 뒤집힌 카드는 모두 여러분 몫으로 챙겨놓아야 한다는 것입니다. 그렇게 하면 스페이드는 모조리 여러분 차지가 됩니다. 완승은 두말하면 잔소리지요!

텔레파시 친구

이럴 수가!

텔레파시로 친구에게 카드 이름을 전달합니다.

미리 준비하기

비밀 조력자를 한 명 섭외해두고 트럼프 카드 열여섯 장을 같은 방향으로 정리합니다.

마술쇼는 이렇게

❶ 관객은 마술사에게 받은 카드 열여섯 장을 잘 섞은 다음

❷ 앞면이 위를 향하도록 가로 네 줄, 세로 네 줄로 펼칩니다.

❸ 텔레파시를 받을 친구에게 잠시 자리를 비워달라고 부탁하세요.

❹ 친구가 나가면 관객이 열여섯 장 중 한 장을 골라 손가락으로 짚습니다.

❺ 카드를 모두 뒤집으세요. 이렇게 하면 친구로서는 더더욱 카드 맞히기가 힘들겠죠?

❻ 그럼에도 친구는 돌아오자마자 관객이 고른 카드를 알아맞힙니다.

트릭 파헤치기

1. 조금만 수학적으로 접근해볼까요? 카드 열여섯 장은 각각 위치에 따라 다음과 같은 숫자와 무늬를 의미합니다.

2. 트릭도 약간 더해보죠. 카드를 뒤집을 때 두 장만 문양을 반대 방향으로 돌려놓으세요. 친구와 주고받을 암호입니다.

1	2	3	4
5	6	7	8
9	10	11	12
♣	♦	♥	♠

• 방향을 바꾼 카드 중 하나는 트럼프 카드의 무늬를 알려줍니다.

네 번째 행: ♣(클로버), ♦(다이아몬드), ♥(하트), ♠(스페이드)

• 다른 카드 한 장으로는 카드 값을 표현합니다.

1~3번째 행: 1~10, 11=J(잭), 12=Q(퀸)

• 만약 1~12 중에 방향이 바뀐 카드가 보이지 않으면(즉, 네 번째 행 중 한 장만 방향이 바뀌었으면) 관객이 고른 카드의 값이 K(킹)라는 뜻입니다.

3. 카드를 단번에 알아맞히려면 공범인 친구가 완벽하게 암호를 숙지해야 합니다. 물론 관객이 고른 카드의 위치까지는 알 수 없지요. 열여섯 장 모두 뒤집혀 있으니까요.

4. 이 마술의 묘미는 관객이 고른 카드와 방향이 바뀐 카드가 일치하지 않는다는 점입니다. 게다가 문양이 뒤집힌 카드는 대개 한 장이 아니라 두 장이기 때문에 눈을 씻고 찾아봐도 트릭은 보이지 않을 거예요.

빙글빙글 돌다가
원점으로

이번 장에서 소개할 마술은 모두 원을 이용합니다.
트럼프 카드를 시계 판 위의 열두 개 숫자처럼 둥글게 배열하거나,
앞으로 가든 뒤로 가든 결국 마술사가 원하는 위치로 돌아오고 마는
재미난 대형을 만들어봅시다.

마술
35

예언의 시간

이럴 수가!

시계 판처럼 배열한 카드 열두 장으로 두 가지 미션에 도전합니다. 첫째, 관객 주머니 속 카드가 몇 장인지 알아낸 다음 둘째, 미리 예언해둔 특별한 카드의 위치를 확인시켜 줍니다.

마술쇼는 이렇게

❶ 친구에게 카드를 섞어달라고 하세요.

❷ 섞인 카드를 돌려받으면 앞면이 위로 향하도록 테이블에 펼칩니다. 친구에게는 그냥 평범한 카드이니 한번 확인해보라고 하세요. 그동안 우리가 할 일은 따로 있습니다.

• 눈으로 슬쩍 훑어 왼쪽에서부터 열세 장을 세어두세요. 그러려면 왼쪽 카드가 오른쪽 카드 밑으로 들어가게 펼쳐야 잘 보입니다.

• 이어서 제일 왼쪽 카드(펼치기 전에 제일 위에 있던 카드)도 확인해 둡니다.

❸ 눈으로 세어둔 열세 장을 앞면이 위로 향하게 모아서 친구에게 건네줍니다. 여러분이 봐둔 첫 장은 이제 카드 패 제일 밑에 있습니다.

❹ 나머지 카드도 앞면이 위를 향하게 모아서 잠시 치워둡니다.

❺ 이제 예언을 해볼까요? 종이를 가리고 조금 전에 봐둔 카드 이름을 써서 접은 다음, 테이블 위의 잘 보이는 곳에 두세요. 마지막 순간에 공개해야 하니까요.

❻ 그리고 뒤돌아섭니다. 친구에게 시계 판을 상상하며 열두 개 숫자 중 하나를 고르게 하세요.

❼ 친구는 조금 전 받은 카드 뭉치를 앞면이 보이는 위쪽에서부터 자신이 고른 숫자(시간)만큼 세어 주머니에 넣습니다. 예: 4시를 생각했다면 주머니에 네 장을 넣으면 됩니다.

❽ 남은 카드는 앞면이 위를 향하게 해서 조금 전 치워둔 카드 뭉치에 쌓으세요.

❾ 다시 앞으로 돌아섭니다. 그리고 여러분은 카드가 몇 장 남았는지

전혀 모른다고 분명하게 밝혀둡니다.

❿ 이제 시계 판 모양을 만들 카드 열두 장이 필요해요. 친구에게도 설명해주고 앞면이 보이는 위쪽 카드부터 한 장씩 세어 열두 장을 모읍니다.

⓫ 앞면이 보이는 위쪽 카드를 1시 자리에 두고 시계 방향을 따라 차례로 내려놓으세요.

⓬ 여러분이 미리 봐둔 카드가 몇 시 자리에 있는지 확인합니다. 친구 주머니 속에는 그 값만큼 카드가 들어 있을 것입니다. **예:** 여러분이 본 카드가 4시 자리에 있다면 친구 주머니에는 네 장이 들어 있지요.

⓭ 이제 여유 있는 미소를 띠며 주머니 속이 훤히 들여다보인다고 얘기하세요. 그리고 숨긴 카드가 몇 장인지 알아맞히면 됩니다!

⓮ 아직 끝이 아니에요. 친구의 감탄을 불러일으킬 마지막 한 방이 남았습니다. 시계 판에서 카드 장수에 해당하는 시간을 찾아 그 자리에 있는 카드를 잘 보라고 얘기하세요. 바로 그 카드가 조금 전 예언해둔 카드니까요! **예:** 우리가 예로 든 상황에서는 '4시' 자리의 카드가 예언의 카드입니다.

⓯ 종이를 펼쳐 친구에게 보여주면 눈이 휘둥그레질 것입니다. 또 다른 친구에게도 보여주세요.

트릭 파헤치기

만약 주머니 속 카드가 x장이라면 여러분이 봐둔 카드의 처음 위치는 위에서부터 (13-x)번째입니다.

처음 위치	1	2	⋯	13−x	⋯	12
12장을 가져간 후의 위치	12	11		x		1
시계 판에서의 위치	12	11		x		1

이렇게 되었던 것이지요.

조커의 지령

이럴 수가!

마술사는 관객이 몰래 밑으로 옮긴 카드가 몇 장인지 알아맞힙니다.

미리 준비하기

마술사는 카드 열한 장을 앞면이 위로 향하도록 놓고 다음 순서로 정리합니다.

(위에서부터) 1, 2, 3, 4, 5, 6, 7, 8, 9, 10, 조커

마술쇼는 이렇게

❶ 마술사는 위쪽 카드 세 장을 집어 패 제일 밑으로 넣는 시범을 보여줍니다.

❷ 그리고 관객에게 카드 패를 넘겨주면서 자신은 뒤돌아서 있을 테니

방금 본 것처럼 몇 장을 떼어 제일 밑으로 옮기라고 부탁하세요. 떼어낸 장수는 관객만 알고 있어야 합니다.

❸ 카드 옮기기가 마치면 마술사는 다시 앞으로 돌아서서 패를 돌려받습니다.

❹ 카드를 테이블 위에 한 장씩 내려놓으세요.

❺ 그러다 문득 멈추고 카드 한 장을 뒤집는데, 바로 이 카드의 숫자가 관객이 옮긴 장수입니다. 만약 조커가 나왔다면 카드를 한 장도 옮기지 않았거나 전체를 옮겼다는 뜻이에요. 그럴 땐 이런 장난은 통하지 않는다며 조커를 흔들어 보이세요.

트릭 파헤치기

긴 설명보다 표를 하나 그려보면 더 간단하겠군요.

1. 위쪽 카드를 표 왼쪽에, 아래쪽 카드를 표 오른쪽에 쓰기로 합시다.

2. 마술사가 처음 세 장을 옮기고 나면 조커는 여덟 번째 자리에 올 것입니다.

4	5	6	7	8	9	10	조커	1	2	3
1번	2번						8번			

카드 순서가 변함없을 때는 위에서부터 여덟 장을 세면 조커가 나옵니다. 따라서 조커는 옮긴 카드가 없다는 뜻이 되지요.

• 한 장만 옮겼다면 여덟 번째 카드는 1이 되기 때문에 1은 한 장을 옮겼다는 뜻입니다.

• 두 장 옮겼다면 여덟 번째 카드는 2가 되겠죠? 이런 식으로 마술사

는 여덟 번째 카드를 보고 옮겨진 장수를 알 수 있습니다.

• 처음에 시범을 보일 때 마술사가 다섯 장을 뗐다면 여덟 번째 카드 (11-3=8) 대신 여섯 번째 카드(11-5=6)를 확인하면 됩니다.

이제 여러분 차례!

관객이 카드를 떼기 전에 제일 밑에 있는 카드가 무엇인지만 봐두면 몇 번이고 다시 마술을 반복할 수 있습니다. 마지막 카드 숫자를 n이라고 하면 (11-n)번째 카드를 확인하면 됩니다.

주머니 속 빨간 카드

이럴 수가!

관객이 양쪽 주머니에 카드를 몇 장씩 숨겼는지 알아맞힙니다.

마술쇼는 이렇게

❶ 마술사가 뒤돌아서면 관객은 카드 한 벌(52장) 중에서 빨간 카드를 짝수 장 뽑아 왼쪽 주머니에 넣습니다. 몇 장인지 세어볼 필요는 없습니다.

❷ 관객은 테이블 왼쪽에 한 장, 오른쪽에 한 장씩 번갈아 내려놓는 방

식으로 카드를 두 패로 나눕니다. 카드를 짝수 장 뽑았기 때문에 두 패는 높이가 같습니다. 이건 여러분만 알고 계세요.

❸ 관객은 그중 한 패를 자기가 갖고 나머지 한 패를 뒤돌아 있는 마술사에게 건넵니다.

❹ 관객은 자기 카드 패에 있는 빨간 카드만 골라 오른쪽 주머니에 넣습니다. 장수를 셀 필요는 없습니다.

❺ 마술사는 앞을 돌아보며 관객 양쪽 주머니에 카드가 몇 장씩 있는지 알아맞힙니다.

트릭 파헤치기

1. 관객이 빨간 카드를 골라낼 동안 마술사는 자기가 받은 카드가 몇 장인지 세어봅니다. 거기에 2를 곱하고 52에서 그 값을 빼면 관객이 처음 왼쪽 주머니에 넣은 빨간 카드가 몇 장인지 알 수 있습니다.

2. 마술사는 자기가 받은 패의 빨간 카드가 몇 장인지도 확인해야 합니다. 트럼프 카드에는 빨간 카드가 총 26장 들어 있기 때문에 26에서 자기가 가진 빨간 카드 장수(r)와 관객 왼쪽 주머니 속 빨간 카드 장수를 빼면 오른쪽 주머니 속에 몇 장이 들어 있는지 알 수 있습니다.

예: 처음에 뽑아둔 빨간 카드가 열 장이라면 두 패에는 카드가 각각 52-10=42의 절반인 21장씩 들어 있게 됩니다. 따라서 마술사가 받은 카드가 21장이라면 52-2×21=10이라고 계산하면 됩니다.

마술사가 받은 21장 중 빨간색이 다섯 장이라면 관객이 가진 빨간 카드는 26-10-5=11장입니다.

스무 번째 카드

이럴 수가!

관객은 숫자를 하나 정하고 거기에 해당하는 카드를 고릅니다. 마술사는 등 뒤에서 패를 섞은 후 카드를 나눠줍니다. 스무 번째 카드를 뒤집으면 관객이 고른 카드가 나옵니다.

마술쇼는 이렇게

❶ 관객은 10 미만의 수를 하나 생각합니다.

❷ 마술사가 뒤돌아서면 관객은 카드 패 위에서부터 그 숫자만큼의 자리에 있는 카드를 꺼내 확인하고 기억해둡니다. 카드는 제자리에 돌려놓습니다.

❸ 마술사는 앞으로 돌아서서 카드 패를 돌려받고 관객 몰래 작업을 시작합니다.

• 패를 등 뒤에 감추고

• 위에서부터 열아홉 장을 한 장씩 세어 잡으며 순서를 뒤집은 다음

• 원래 카드 패와 합칩니다.

• 그동안 관객에게는 관객이 고른 카드를 스무 번째 자리로 옮기는 중이라고 얘기하세요.

❹ 다시 관객과 대화로 돌아옵니다. 관객이 먼저 자신이 처음에 고른 숫자(n)가 무엇이었는지 밝힙니다(예: 7).

❺ 마술사는 카드를 위에서부터 한 장씩 세어 내려놓되, 시작하기 전에 n(예: 7)이라고 말하고, 첫 번째 카드를 셀 때 n+1(예: 8), 그다음 카드를 셀 때 n+2(예: 9), 이런 방식으로 20까지 셉니다.

❻ 20에 해당하는 카드를 뒤집으면? 관객이 고른 카드가 나옵니다.

트릭 파헤치기

1. 관객이 7을 골라 일곱 번째 카드를 확인했다면 그 위로는 원래 7-1=6장의 카드가 쌓여 있었겠죠.

2. 하지만 마술사가 위에서부터 열아홉 장의 순서를 뒤집어놓았기 때문에 관객이 고른 카드 위에는 이제 19-7=12장의 카드가 쌓여 있을 것입니다. 열세 번째 자리에는 관객이 고른 카드가 있고, 그 아래에 7-1=6장이 있게 됩니다.

→ 수식으로는 $(19-7)+1+(7-1)=19$라고 표현할 수 있습니다.

→ 따라서 관객이 고른 카드는 $(19-7)+1=20-7=13$번째 자리에 있습니다.

3. 첫 번째 카드를 셀 때 $7+1=8$을 불렀듯, 마술사는 각 카드 위치에 7을 더한 숫자를 계속 불러나갑니다.

→ 따라서 20을 부를 땐 $20-7=13$번째 카드, 즉 관객이 고른 카드를 집게 되는 것이죠.

4. 예로 든 7뿐 아니라 10보다 작은 수(n)라면 모두 마찬가지입니다.

이 원리를 '대칭'의 개념으로도 설명할 수 있습니다. $20-n+n=20$라는 식에서 20은 $(20-n)$과 $(20+n)$의 가운데 있는 수이지요. O라는 한

점이 O에서 같은 거리에 있는 두 대칭점 중앙에 위치하는 것처럼 말이에요.

'대합'이란?

이럴 수가!

관객은 카드를 몇 장 고른 다음, 고른 카드의 제일 밑 패를 확인합니다. 마술사와 관객이 몇 차례 번갈아가며 카드를 옮기고 나면 아까 확인한 마지막 패가 52장 중 제일 밑에 오게 됩니다.

마술쇼는 이렇게

❶ 마술사가 뒤돌아선 동안 관객은 카드를 섞고 그중 열다섯 장 미만으로 몇 장(n)을 확인하면서 뽑습니다.

❷ 관객은 뽑은 카드 중 제일 밑에 있는 카드를 확인한 후, 자신이 뽑은 카드를 전체 카드 패 위에 올립니다.

❸ 이제 마술사가 앞으로 돌아섭니다. 그리고 카드 패를 등 뒤로 가져가서 위에서부터 열다섯 장을 셉니다. 이 열다섯 장은 순서를 바꾸지 말고 그대로 전체 패 밑으로 옮깁니다.

❹ 마술사는 다시 관객에게 카드 패를 넘겨줍니다.

❺ 관객이 고른 카드 n장이 더 이상 처음 위치에 없다는 것을 확인시켜

준 다음, 다시 관객에게 카드를 n장 떼어 위에서 아래로 옮기게 합니다.

❻ 마술사는 카드 패를 돌려받고 등 뒤로 가져가서 아래에서부터 열다섯 장을 세어 통째로 위로 옮깁니다.

❼ 이제 카드 패 제일 밑에는 처음에 관객이 골랐던 카드가 오게 됩니다. 어떻게 해야 멋지게 카드를 공개할 수 있을까요? 마술사다운 재치를 발휘해보세요.

트릭 파헤치기

카드 장수를 n이라고 하면 $n < 15$입니다. 카드 패 구성은 단계마다 다음과 같이 표현할 수 있습니다.

시작	위쪽 카드 (n-1)장
	카드 n장
	아래쪽 나머지 카드들
1단계	중요하지 않은 카드들
	카드 (n-1)장
	관객이 고른 카드
	카드 (15-n)장
2단계	중요하지 않은 카드들
	카드 (n-1)장
	관객이 고른 카드
	카드 (15-n)장
	카드 n장

3단계	카드 15장
	중요하지 않은 카드들
	카드 (n−1)장
	관객이 고른 카드

이 마술의 핵심은 $15 - n + n = 15$라는 사실에 있습니다. 두 번째 옮기면 다시 처음 값으로 돌아오게 되지요. 같은 점을 기준으로 두 번 연속 점 대칭 이동을 하면 원래 자리로 돌아오는 것처럼 말이에요. 이런 개념을 수학에서는 '대합'이라고 부릅니다. 어떤 값을 자기 자신에 대해 대칭이동하면 '항등함수'와 같아지고 자기 자신이 스스로의 역함수가 되는 특성이 있습니다.

산술? 마술!
9의 성질과 마방진

이번에는 수세기에 걸쳐 학계를 넘어
대중의 관심까지 사로잡았던 재미난 수학 이야기를 풀어볼까 합니다.
세월이 흘러도 그 매력은 여전하지요.
자, 그럼 어디서부터 시작해볼까요?

아홉수, 아니 '아홉'이란 수의 비밀부터 끄집어내봅시다.

우리는 9로 나누었을 때 몫이 정수이고 나머지가 없이 나누어떨어지면 이 정수를 '9의 배수'라고 부릅니다.

어떤 수가 9로 나누어떨어지는지 간단히 알고 싶다면 한 가지만 확인하면 되지요. '그 수를 이루는 숫자를 모두 더했을 때 9의 배수가 나오는가?'를요. 가령, 4,732,164를 직접 9로 나눠보는 대신 4+7+3+2+1+6+4=27을 구하면 간단합니다. 27은 구구단 9단에 포함되기 때문에 4,732,164는 9로 나누어떨어진다는 것을 알 수 있어요.

또한 9의 배수인 두 수를 서로 더하거나 빼거나 곱하면 그 값도 역시 9의 배수가 됩니다.

이번엔 9로 나누어떨어지지 않는 수를 하나 예로 들어볼까요? 1758을 9로 나누면 나머지는 3이 됩니다. 그런데 1758을 이루는 숫자들의 합 21도 9로 나누면 역시 나머지가 3이 되지요. 그리고 이 두 수를 빼면 1758-21＝1737이라는 9의 배수를 얻게 됩니다.

숫자를 바꿔보아도 마찬가지입니다. 9의 배수가 아닌 수(n)를 9로 나누었을 때의 나머지는 n을 이루는 숫자들의 합을 9로 나누었을 때의 나머지와 같습니다. 그리고 n에서 n을 이루는 숫자들의 합을 빼면 9의 배수가 나옵니다.

이러한 9의 성질을 이용해서 다음 두 마술에 도전해봅시다!

트럼프 카드와 네 자리 숫자

이럴 수가!

관객은 연산 결과에 따라 카드 네 장으로 네 자리 숫자를 만드는데 그중 한 장을 숨깁니다. 마술사는 나머지 카드 세 장만을 보고 숨겨진 카드가 무엇인지 알아맞힙니다.

마술쇼는 이렇게

❶ 마술사가 뒤돌아서면 관객은 원하는 네 자리 숫자 하나를 종이에 쓰고 거기서 네 숫자의 합을 뺍니다. (계산 결과는 당연히 9의 배수가 나오겠지요?)

❷ 그리고 관객은 뺄셈 결과에 해당하는 숫자 네 개를 트럼프 카드에서 찾아 모읍니다. 그 값이 무엇인지는 혼자만 알고 있어야 합니다.

• 이때 일의 자리 숫자는 하트, 십의 자리 숫자는 다이아몬드, 백의 자리 숫자는 클로버, 천의 자리 숫자는 스페이드 카드로 표현하게 하세요.

• 0이 필요하다면 그림 카드 잭, 퀸, 킹 중 하나를 사용합니다.

❸ 이제 관객은 숫자 카드 네 장 중 하나를 주머니에 숨기고, 나머지 세 장을 테이블에 펼칩니다.

❹ 마술사는 앞으로 돌아서서 관객 주머니 속에 숨겨진 카드를 알아맞힙니다.

트릭 파헤치기

이쯤이야 이젠 누워서 떡 먹기지요! 숨겨진 카드의 무늬는 당연히 네 무늬(하트, 다이아몬드, 클로버, 스페이드) 중 보이지 않는 하나입니다. 숫자 값은 펼쳐진 카드 세 장의 합에 얼마를 더해야 9의 배수가 되는지 생각해보면 되지요.

(만일 세 수의 합이 이미 9의 배수라면 숨겨진 카드는 9입니다. 0도 가능하지 않느냐고요? 그럴 수는 없어요. 왜냐하면 주머니 속에는 '그림' 카드가 아닌 '숫자' 카드를 넣으라고 했으니까요.)

종이, 연필, 그리고 계산기

미리 준비하기

카드 패를 준비하고 위에서부터 아홉 번째 카드를 확인해둡니다. 마술을 보여줄 친구에게 카드 패와 종이, 연필, 계산기를 건네주세요.

마술쇼는 이렇게

❶ 친구에게 연속된 수를 세 개 골라 더하게 합니다. 예: 66+67+68=201 이 합은 가운데 숫자를 세 번 곱한 값과 같습니다. 따라서 3의 배수이기도 하지요. 친구에게는 비밀로 해두세요.

❷ 이번에는 그 합을 두 번 곱하게 합니다('제곱'이라고도 하지요). 그

러면 9의 배수가 나옵니다. 3×3=9이니까요. **예:** 40401=9×4489

이 사실도 여러분만 알고 있으세요.

❸ 이제 그 값을 이루고 있는 숫자를 모두 더하고, 그 합을 이루는 숫자를 다시 더하는 방식으로 합이 10보다 작아질 때까지 반복합니다. 그러면 최종 결과는 항상 9가 나오게 되어 있습니다. 친구는 알 리가 없겠지만요.

이럴 수가!

이제 친구에게 카드 패 위에서부터 그 값만큼 세어 내려온 위치의 카드를 확인하게 합니다. 물론 아홉 번째 카드를 보게 되겠죠? 여러분이 미리 봐둔 바로 그 카드예요. 그런 다음에는 친구에게 마음껏 카드를 섞게 해도 괜찮습니다. 정답은 어떻게 공개해야 멋있을까요? 여러분의 창의력을 발휘해보세요.

> **이제 여러분 차례!**
> 9의 성질을 이용한 또 다른 마술도 생각해봅시다.

반듯하고 번듯한 마술

아래처럼 1부터 9까지 아홉 개 숫자를 정사각형에 넣어보면 재미난 특징을 발견할 수 있습니다.

1	2	3
4	5	6
7	8	9

1		
	5	
		9

	2	
4		
		9

		3
4		
	8	

1. 가로줄과 세로줄에 숫자를 하나씩만 남기고 나머지를 모두 지우면 남은 세 수의 합은 항상 15가 됩니다! 정말 그런지 위의 세 가지 예뿐만 아니라 모든 경우의 수를 확인해보세요.

2. 앞서 배운 마방진을 떠올려봅시다. 숫자 1~9를 아래처럼 배열하면

8	1	6
3	5	7
4	9	2

가로줄, 세로줄, 대각선의 합이 항상 15인 마방진이 됩니다.

본격적인 마술을 시작하기 전에 한 가지만 더 생각해볼까요?

1. 10~19 중 원하는 숫자를 하나 골라 그 수만큼 카드를 떼어 테이블 위에 두었다고 합시다. 그리고 그 수를 이루는 두 숫자를 더하는 거죠. 가령 카드를 열여섯 장 뗐다면 1+6=7이 되겠죠? 그럼 밑에서부터 일곱 번째 카드를 확인할 거예요. 그런데 이 카드를 위에서부터 세어보면 몇 번째 자리에 있을까요?

2. 이번에는 10~19 중 다른 숫자를 골라봅시다. 그 수를 이루는 두 숫자를 더하고, 밑에서부터 그 합만큼 셌을 때 나오는 카드를 확인하는

거예요. 이 카드를 위에서부터 세어보면 몇 번째 자리에 있을까요? 조금 전과 차이가 있습니까?

자, 이제 마술을 배울 준비가 다 된 것 같군요!

마방진이든 아니든

미리 준비하기

관객은 10~19 중에서 숫자를 하나 고르고 그에 따라 카드를 선택합니다. 이어서 관객이 아홉 장의 카드 중 세 장을 고르면 마술사는 관객이 처음 골랐던 카드가 무엇인지 알아맞힙니다.

미리 준비하기

앞 페이지의 설명을 이해했다면 카드 패만 준비하면 끝이죠(우리에겐 깜찍한 속임수가 있으니까요!) 1에서 9까지 숫자카드 아홉 장을 위에서부터 번호순으로 정리해서 카드 패 제일 위에 올려둡니다. 여러 무늬를 섞어두면 더 좋습니다.

마술쇼는 이렇게

❶ 카드 패를 꺼내면서 그중 아홉 장이 필요하다고 얘기하세요.

❷ 위에서부터 아홉 장을 세어 따로 빼두거나 주머니에 넣습니다.

❸ 나머지 카드는 관객에게 섞어달라고 하세요.

❹ 이어서 관객은 카드를 10~19장 중 원하는 만큼 고릅니다. 몇 장인지는 혼자만 알고 있어야 합니다.

❺ 그리고 자신이 고른 수를 이루는 두 숫자를 더합니다.

❻ 그 합만큼 카드를 세어 한 장씩 테이블에 내려놓습니다. **예:** 열세 장을 골랐다면 1+3=4장의 카드를 테이블에 두면 됩니다. 그동안 여러분은 뒤돌아서 있으세요.

❼ 친구는 방금 내려놓은 카드 뭉치의 제일 위쪽 카드를 확인하고 다시 제자리에 꽂아둡니다.

❽ 이제 여러분은 주머니에 넣었던 카드 아홉 장을 꺼내며 친구에게 묻습니다. "카드를 테이블에 내려놓을 건데, 위에서부터 순서대로 했으면 좋겠어(1번), 아님 아무렇게나 잡히는 대로 했으면 좋겠어?(2번)" 참고로 어떤 경우든 카드 앞면이 아래를 향하게 뒤집어놓아야 합니다.

❾ 1번의 경우, 카드를 차례로 깔아 앞에서 본 1~9 숫자판을 만드세요. 2번의 경우, 앞에 나온 마방진을 만들면 됩니다. 배열은 미리 잘 외워두고, '아무렇게나' 두기 위해 애쓰는 척 연기력을 발휘하세요.

❿ 그런 다음, 1번의 경우라면

친구에게 카드를 한 장 골라 뒤집고, 그 카드가 있는 가로줄과 세로줄의 나머지 카드 네 장을 치우게 하세요.

남은 카드 중 또 한 장을 뒤집게 하고, 이번에는 여러분이 직접 그 카드가 있는 가로줄과 세로줄의 나머지 카드 두 장을 치웁니다.

남은 카드 한 장을 마저 뒤집습니다.

총 세 장의 카드가 공개되었네요. 친구에게 세 수를 모두 더하게 합니다. (합은 15가 나올 거예요.)

치웠던 카드 여섯 장을 모아 테이블 위 카드 패에 올립니다.

2번의 경우라면

친구에게 가로줄, 세로줄, 대각선 중 하나를 골라 그 위에 있는 카드를 모두 뒤집고 나머지 카드를 치우게 합니다.

공개된 카드 세 장의 값을 모두 더하게 하세요. (역시 15가 나올 것입니다.)

치웠던 카드 여섯 장을 테이블 위 카드 패에 올립니다.

⓫ 어느 경우든 마무리는 똑같습니다. 세 수의 합이 '우연찮게도' 15가 나왔잖아요? 그걸 핑계 삼아서 치워둔 카드 패 중 열다섯 장을 테이블에 내려놓도록 친구에게 얘기합니다.

⓬ 그리고 처음에 골랐던 카드가 무엇인지 물어보세요.

⓭ 친구 손에 남은 카드 패의 제일 위쪽 카드(원래는 열여섯 번째 카드)를 뒤집어보면 바로 그 카드가 나올 것입니다!

트릭 파헤치기

준비 단계부터 이미 눈치챘다고요? 맞습니다. 세 수의 합은 항상 15가 나오게 되어 있고, 마지막에 테이블 위 카드 패에 올릴 여섯 장은 원래 열 장이던 카드를 열여섯 장으로 만드는 역할을 하지요. 왜 그래야 하는지는 다들 기억하실 줄로 믿을게요!

벌써 잊은 건 아니겠지요? 우리는 이미 열여섯 칸 마방진도 배웠습니다.

1	2	3	4
5	6	7	8
9	10	11	12
13	14	15	16

→

1	15	14	4
12	6	7	9
8	10	11	5
13	3	2	16

이 마방진에서는 가로줄, 세로줄, 대각선 중 하나를 골라 그 위의 숫자를 모두 더하면 언제나 34가 나옵니다. 알브레히트 뒤러의 판화 〈멜랑콜리아I〉에 나오는 마방진으로 유명하지요. 1514년 작품이에요. 앗, 위에 보이는 우리 마방진의 첫 줄의 숫자 두 개가 얄궂게도 '1514'를 이루고 있군요.

그럼 이제 다음 마술을 펼쳐봅시다. 관객이 되어줄 친구가 이 역사적인 판화 속 마방진에 대해 아직 모른다면 먼저 알려주고 시작하세요.

마술
43

● **'역사적인' 마방진** ●

이럴 수가!

관객에게 의미 있는 숫자를 하나 골라서 그 숫자를 합으로 하는 마방진을 만듭니다. 34세가 넘는 관객에게는 나이에 맞는 마방진을 만들어 주는 것도 귀여운 생일 선물이 될 거예요.

마술쇼는 이렇게

❶ 마방진 만들기부터 시작해야 합니다. 먼저 관객에게 (뒤러가 고른) 34부터 60까지의 숫자 중 자신을 가장 잘 표현하는 하나를 고르게 하세요.

❷ 1~4를 아래처럼 정해진 위치에 쓰고, 그다음 5~8과 9~12를 넣습니다. 남은 빈칸 네 개는 A, B, C, D라고 이름 붙여봅시다.

	1		
			2
		3	
4			

	1		7
	8		2
5		3	
4		6	

	1	12	7
11	8		2
5	10	3	
4		6	9

B	1	12	7
11	8	A	2
5	10	3	C
4	D	6	9

❸ A부터 살펴보지요.

• A가 들어 있는 가로줄, 세로줄, 대각선 위 세 수의 합은 모두 동일합니다. 얼마입니까?

• 만약 관객이 원하는 수가 48이라면 A 자리에 어떤 수를 넣으면 될

까요?

❹ B로 넘어갑시다.

• B를 포함한 가로줄, 세로줄, 대각선 위 세 숫자의 합도 모두 동일합
니다. 얼마입니까?

• 만약 관객이 원하는 숫자가 48이라면 B 자리에 어떤 수를 넣으면 될
까요?

❺ 다음은 C 차례군요.

• C를 포함한 가로줄, 세로줄, 대각선 위 세 숫자의 합도 모두 동일합
니다. 얼마입니까?

• 만약 관객이 원하는 숫자가 48이라면 C 자리에 어떤 수를 넣으면
될까요?

❻ 마지막으로 D를 채워봅시다.

• D를 포함한 가로줄, 세로줄, 대각선 위 세 숫자의 합도 역시 동일합
니다. 얼마입니까?

• 만약 관객이 원하는 숫자가 48이라면 D 자리에 어떤 수를 넣으면
될까요?

지금처럼 만들어야 할 값이 미리 정해져 있을 때 어떻게 계산해야 A,
B, C, D를 구할 수 있을까요? 여러분 혼자서도 충분히 해낼 것이라 믿
습니다.

→ 그래도 확인해보고 싶다면 해답은 261쪽에.

• 카드 마방진 •

이럴 수가!

관객은 52장의 카드 중 절반가량을 떼어 주머니에 넣습니다. 마술사는 카드 열여섯 장을 정사각형 모양으로 배열하고, 관객에게 가로줄, 세로줄, 대각선 중 하나를 마음대로 골라 그 위의 값을 더하게 합니다. 그리고 관객 주머니 속 카드를 꺼내 세어보면? 바로 그 숫자가 나옵니다!

미리 준비하기

마술사는 앞면이 아래를 향하도록 카드를 뒤집고 위에서부터 다음과 같은 순서로 준비합니다.

아무 카드나 21장

+ 26장 (조커 한 장, 그리고 무늬에 상관없이 1, 2, 3, 4, 5, 6, 7, 8, 9, 10, J, Q, K, 1, Q, 7, J, 8, 2, 5, 10, 3, 4, 6, 9 순으로)

+ 아무 카드나 6장

마술쇼는 이렇게

❶ 관객은 위에서부터 어림잡아 절반쯤 카드를 떼어서 주머니에 넣습니다.

❷ 마술사는 떼고 남은 카드를 가져가면서 이 카드를 위에서부터 한 장씩 펼치며 4×4 배열을 만들겠다고 설명합니다.

❸ 그리고 첫 번째 카드를 앞면이 보이게 펼쳤다가 (얼른 숫자를 확인하세요!) 곧바로 뒤집으면서, 뒤집어두는 게 낫겠다고 얘기하세요. 마치 실수인 것처럼 말이지요.

2번			
		1번	
			4번
	3번		

❹ 이어서 카드 세 장을 더 내려놓습니다. 아래 그림처럼 미리 생각해둔 위치에 맞게 두어야 해요.

❺ 카드를 떼어 카드 패 밑으로 옮기세요. 옮길 장수는 (10 - 첫 번째 카드 숫자)만큼입니다. 마술을 시작할 때 관객이 절반에 가깝게 카드를 잘 뗐다면 10보다 작은 수가 나올 거예요.

예: 첫 카드가 4라면 10 - 4 = 6장의 카드를 아래로 옮깁니다.

❻ 이제 복잡한 과정은 다 끝났습니다. 남은 카드로 빈칸을 차례차례 채우세요.

2번	5번	6번	7번
8번	9번	1번	10번
11번	12번	13번	4번
14번	3번	15번	16번

❼ 채우기를 마치면 관객에게 카드를 모두 뒤집어달라고 합니다. 그리고 가로줄, 세로줄, 대각선의 합이 모두 같다는 놀라운 사실을 확인시켜 주세요. 마방진이 완성되었습니다!

트릭 파헤치기
충분히 고민해보았다면 261쪽에서 풀이법을 확인하세요.

콧대 높은 도전자를
길들이는 마술 대결

관객과 정면 대결을 하게 되더라도 가슴 졸이지 마세요.
가뿐히 이기는 비법이 있거든요. 이번 장에서 다룰 마술은 제아무리 똑똑한
관객이라도 두 손 들게 할 비장의 무기입니다. 다음 몇 가지 기술만 잘 익혀두면
마술사를 꺾으려고 혈안이 된 사람들을 보란 듯이 따돌릴 수 있을 거예요.

동전 열두 개

이럴 수가!

마술사는 관객이 뒤집는 동전이 무엇인지 보지 않고도 '앞면'과 '뒷면'
의 개수가 같아지게 만듭니다.

마술쇼는 이렇게

❶ 동전 열두 개를 앞면으로 놓고 시계 숫자판처럼 둥글게 배열합니다.

❷ 연필이나 열쇠로 12시 자리를 가리키는 기준점을 잡으세요.

❸ 그리고 아무 것도 안 봐도 이 마술을 성공시킬 수 있다고 친구에게 큰소리를 좀 쳐봅니다. 뒤돌아서 있어도 좋고 천으로 눈을 가려도 좋습니다.

❹ 친구가 먼저 동전 여섯 개를 마음대로 골라 뒷면으로 뒤집습니다.

❺ 이제 여러분 차례입니다. 하지만 앞을 볼 수 없으니 친구에게 대신 부탁해야 합니다. 1시 20분, 5시 35분, 8시 50분에 해당하는 동전 여섯 개를 뒤집어달라고 하세요. 앞서 친구가 뒤집은 동전과 겹치는 것이 있을지도 모른다고 말해둡니다.

❻ 이제 '앞면'이 보이는 동전이 몇 개 남았는지 물어봅니다.

❼ 친구가 몇 개라고 답하든 이렇게 말을 이어나가세요. "동전을 두 그룹으로 나눌 건데 '앞면' 동전이 양쪽에 똑같이 들어가게 해볼게. 난 지금 아무 것도 안 보이니까 미안하지만 12시 10분, 3시 30분, 9시 55분 자리에 있는 동전 여섯 개 좀 모아줄래? 그게 첫 번째 그룹이야."

❽ 남은 동전 여섯 개가 자연히 두 번째 그룹이 되겠지요?

❾ 이제 친구에게 '앞면'과 '뒷면'이 양쪽에 정말로 똑같이 들어 있다는 것을 확인시켜 주세요.

트릭 파헤치기

친구가 먼저 여섯 개를 뒤집었기 때문에 동전은 이미 '앞면' 여섯 개, '뒷면' 여섯 개인 상황입니다. 따라서 여러분이 0~6개 중 몇 개의 동전을 '뒷면'으로 돌리게 될 지는 순전히 우연에 달린 셈이지요.

하지만 결과가 어떻게 될지 경우의 수를 한번 따져볼까요? 아래 표에서 '앞면'과 '뒷면'의 순서는 신경 쓰지 마세요. 중요한 것은 개수입니다. 그리고 상황을 한눈에 볼 수 있도록 계속 '앞면'인 동전, 뒤집히는 동전, 계속 '뒷면'인 동전, 이렇게 세 줄로 구분해 표현하기로 합시다.

뒤집기 전		앞앞앞앞앞	뒤뒤뒤뒤뒤뒤
뒤집은 후		뒤뒤뒤뒤뒤뒤	뒤뒤뒤뒤뒤뒤

뒤집기 전	앞	앞앞앞앞뒤	뒤뒤뒤뒤뒤
뒤집은 후	앞	뒤뒤뒤뒤뒤앞	뒤뒤뒤뒤뒤

뒤집기 전	앞앞	앞앞앞뒤뒤	뒤뒤뒤뒤
뒤집은 후	앞앞	뒤뒤뒤뒤앞앞	뒤뒤뒤뒤

뒤집기 전	앞앞앞	앞앞앞뒤뒤뒤	뒤뒤뒤
뒤집은 후	앞앞앞	뒤뒤뒤앞앞앞	뒤뒤뒤

뒤집기 전	앞앞앞앞	앞앞뒤뒤뒤뒤	뒤뒤
뒤집은 후	앞앞앞앞	뒤뒤앞앞앞앞	뒤뒤

뒤집기 전	앞앞앞앞앞	앞뒤뒤뒤뒤뒤	뒤
뒤집은 후	앞앞앞앞앞	뒤앞앞앞앞앞	뒤

뒤집기 전	앞앞앞앞앞앞	뒤뒤뒤뒤뒤뒤	
뒤집은 후	앞앞앞앞앞앞	앞앞앞앞앞앞	

1. 보다시피 '앞면'과 '뒷면'의 개수는 항상 짝수이고,

2. '뒤집은 후'에 왼 칸과 오른 칸을 합치면 가운데 칸과 조합이 같다는 것을 알 수 있습니다.

3. 그리고 첫 번째 그룹을 만들기 위해 부른 시각 세 개는 알고 보면 여러분이 뒤집을 차례에 사용하지 않은 동전 여섯 개를 가리킵니다.

• 여러분이 뒤집은 동전은 숫자판의 1, 4, 5, 7, 8, 10에 해당하고,

• 첫 번째 그룹을 만들 때 사용한 동전은 12, 2, 3, 6, 9, 11에 해당하지요.

• 굳이 시간 형태로 바꾸어 표현한 이유는 트릭을 숨기기 더 유리하기 때문이에요. 하지만 관객이 너무 어릴 때는 곤란할 수 있습니다. 적어도 시계를 볼 줄 알아야 하니까요.

• '앞면' 동전 개수를 물어본 이유는요? 아, 그건 그냥 함정입니다. 헷갈리게 만들기 위해서지요.

예언의 열쇠

이럴 수가!

관객과 마술사가 번갈아가며 물건을 치우는 데도 마술사는 마지막에 남을 물건을 알아맞힙니다. 누구부터 시작하든 승리는 마술사의 편이지요.

마술쇼는 이렇게

❶ 우선 몸에 지닌 소지품을 모두 테이블에 올려달라고 관객에게 부탁합니다. 개수 제한은 없습니다.

❷ 규칙을 설명해주세요. 둘 중 한 사람이 테이블 위 물건 중 두 개를 고르면 나머지 한 사람이 둘 중 무엇을 치울지 정하는 방식입니다. 테이블에 물건이 하나만 남을 때까지 역할을 바꿔가며 계속 하기로 합니다.

❸ 그리고 마술사는 밀봉한 봉투 하나를 테이블에 올려두며 그 안에는 마지막에 남을 물건이 그려진 종이가 들어 있다고 얘기합니다. 예언을 방해하고 싶다면 얼마든지 도전해보라고 말이에요.

❹ 이제 게임을 시작해볼까요?

예시 1: 열쇠, 병뚜껑, 연필, 손수건, 껌, 투명 테이프, 신용카드, 이렇게 일곱 개의 물건이 있다면

❶ 마술사가 먼저 두 개를 고릅니다.

❷ 관객은 그중 하나를 치웁니다. 치운 물건이 투명 테이프였다고 합시다.

❸ 이제 관객 차례지요. 관객이 열쇠와 병뚜껑을 고르자 마술사는 그중에 병뚜껑을 치웁니다.

❹ 다시 마술사 물건 두 개를 고르고 관객은 신용카드를 치웁니다.

❺ 관객이 열쇠와 손수건을 고르고 마술사는 손수건을 치웁니다.

❻ 마술사가 물건 두 개 고르고 관객이 껌을 치웁니다.

❼ 이제 열쇠와 연필만 남았습니다. 관객이 그 둘을 제시하면 마술사

는 연필을 치웁니다.

❽ 마지막까지 남은 것은 열쇠로군요.

❾ 이제 편지봉투를 열면 그 안에는 열쇠 그림이 들어 있습니다. 예언이 성취되었네요!

예시 2: 테이블에 예시1에 나온 물건 일곱 개와 여덟 번째 물건인 클립이 있다면

❶ 관객에게 먼저 선택권을 줍니다.

❷ 게임 방식은 같습니다.

❸ 역시 마지막에는 열쇠만 남을 거예요. 봉투 속 예언이 또 성취되었습니다.

트릭 파헤치기

- 마술사는 미리 열쇠 그림을 봉투에 넣어두어야 합니다.

- 관객이 열쇠를 가지고 있지 않을 경우를 대비해서 여러분도 열쇠를 하나 준비해두세요.

- 소지품 개수가 홀수이면 마술사가 먼저 시작하고, 짝수이면 관객이 먼저 시작해야합니다.

- 물건 두 개를 고를 때 마술사는 절대 열쇠를 선택해선 안 됩니다. 관객이 열쇠를 치워버릴 수도 있으니까요.

- 관객이 물건 두 개를 고를 때는 그중에 열쇠가 있더라도 여러분은 당연히 열쇠가 아닌 나머지 물건을 치워야 합니다.

주의사항: 물건이 마지막으로 두 개만 남았을 때 치울 물건을 결정할 사람은 마술사여야 합니다. 그래야 끝까지 열쇠를 남겨둘 수 있으니까요. 그러려면 물건이 두 개, 네 개, 여섯 개 남았을 때, 즉 남은 물건이 짝수일 때, 그중 두 개를 제시하는 역할은 관객에게 맡겨야 합니다. 반대로 남은 물건이 홀수일 때 그중 두 개를 제시하는 역할은 마술사가 해야겠지요?

마술 주사위 다섯 개

이럴 수가!

관객은 계산기를 이용해서 세 자리 숫자 다섯 개의 합을 구합니다. 그동안 마술사는 암산으로 수를 더합니다. 그런데 어찌된 일인지 관객보다 마술사가 더 빨리 답을 맞힙니다.

마술쇼는 이렇게

❶ 관객은 숫자가 적힌 주사위 다섯 개를 한 번에 던집니다.

❷ 주사위 숫자가 보이자마자 마술사는 합을 알아냅니다. 이기는 쪽은 언제나 마술사지요. (합은 던질 때마다 달라지기 때문에 몇 번이고 다시 대결할 수 있습니다.)

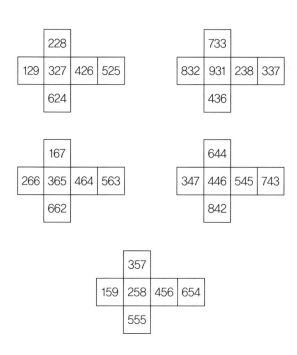

```
        228
129  327  426  525
        624


        733
832  931  238  337
        436


        167
266  365  464  563
        662


        644
347  446  545  743
        842


           357
     159  258  456  654
           555
```

그런데 마술사는 어떻게 합을 알아냈을까요? 인간 계산기라도 되는 걸까요?

트릭 파헤치기

1. 각 주사위의 십의 자리 숫자는 무엇입니까?

2. 주사위 다섯 개를 던져 나오는 십의 자리 합은 얼마입니까? 그 합의 일의 자리 숫자는 무엇입니까?

3. 주사위 다섯 개를 던져 나오는 일의 자리 합과 다섯 숫자를 직접 더했을 때 나오는 십의 자리 값을 비교해봅시다.

4. 각 숫자의 일의 자리와 백의 자리를 더해보세요.

5. 주사위 다섯 개를 던져 나오는 일의 자리 합을 '백의 자리 합'에 '십의

자리 합에서 백의 자리로 받아올림 한 값'을 더한 것과 비교해보세요.

→ 해답은 262쪽에.

텔레비전 속 마술사

이럴 수가!

텔레비전 속 마술사가 화면 앞에 앉아 있는 시청자에게 지시를 내립니다. 종이 세 장을 이쪽저쪽으로 옮기다가 그중 두 장을 치우게 하는 것이지요. 마지막에 남는 종이가 무엇일지 마술사는 이미 알고 있습니다.

마술쇼는 이렇게

❶ 어느 날 TV 프로그램에 출연한 마술사가 이렇게 말합니다. "종이 세 장을 준비해서 하나는 ○표, 또 하나는 +표, 나머지 하나는 △표를 해주시기 바랍니다."

❷ 그리고 기호가 여러분 쪽을 향하도록 놓고 화면에 종이를 붙여달라고 하네요. "정전기를 이용하면 쉽게 붙습니다. 풀을 찾아다니지 마세요!"

❸ "원하는 순서대로 종이를 배열하고 지시에 따라주시기 바랍니다. 우선 ○표한 종이와 그 오른쪽 종이 위치를 바꿀 수 있다면 바꾸고, 바꿀 수 없으면 그대로 둡니다."

❹ "△표한 종이와 그 왼쪽 종이 자리를 바꿀 수 있다면 바꾸고, 바꿀

수 없으면 그대로 둡니다."

❺ "+표한 종이와 그 오른쪽 종이 자리를 바꿀 수 있다면 바꾸고, 바꿀 수 없으면 그대로 둡니다."

❻ "이제 화면을 바라보는 방향에서 제일 오른쪽에 있는 종이 두 장을 치워주십시오."

❼ 그랬더니 텔레비전 속 마술사는 △표시만 남았다는 사실을 알아맞힙니다.

멀리 떨어진 방송국에서 어떻게 이런 일이…? 몰래 심리 조작을 한 건 아닐까요?

여러분은 곰곰이 생각해보다가… 마침내 알아냅니다! 그리고 마술을 조금 변형해보기로 결심하지요.

"그래, 별표(☆) 그림을 하나 추가해서 네 장으로 하면 좀 더 복잡한 마술이 되겠군! 마지막에는 제일 오른쪽 종이 세 장을 치우는 거야."

그러려면 자리 바꾸기도 한 회 추가해야합니다. "☆표와 그 오른쪽 종이의 자리를 바꿀 수 있다면 바꾸고, 바꿀 수 없으면 그대로 둡니다."라고 말이에요.

생각해보아야 할 경우의 수는 몇 가지일까요? 성공할 확률은 얼마입니까?

시작할 때 △표가 제일 오른쪽 자리에 있다면 곤란한 상황이 되고 맙니다. 오른쪽 끝에서 두 번째 자리에 있더라도 문제가 생길 수 있지요. 그럴 때 해결책은 다음과 같습니다.

1. △표와 그 왼쪽 종이를 마지막에 자리 바꾸기 하게 되면 ○표와 △표가 붙어 있을 때에는 문제가 발생합니다.

2. 생각해야 할 스물네 가지 경우 중에 성공할 수 없는 경우는 여섯 가지입니다. △가 오른쪽 끝에 오는 네 가지 경우와 오른쪽 끝에서 두 번째에 오는 두 가지 경우이지요.

3. 따라서 자리 바꾸기 네 번으로는 이 마술을 해낼 수가 없습니다. 그런데 만약 그림 네 장은 그대로 사용하고 자리 바꾸기 횟수만 다섯 번으로 늘리면 어떨까요? 자리는 어떻게 바꿔야 할까요?

4. 그렇습니다. 자리를 다섯 번 바꾼다면 성공할 수 있어요. 이 마술의 이름은 바로 다음과 같습니다.

━━━━━ • 라스베이거스 마술 • ━━━━━

이럴 수가!

관객은 그림 네 장 중 세 장을 치웁니다. 마술사는 아무 것도 보지 않고도 마지막에 남을 그림을 알아맞힙니다.

마술쇼는 이렇게

관객에게 아래처럼 얘기하세요.

❶ "서로 다른 네 가지 그림(△, +, -, ○)을 나란히 놓고"

❷ "△표와 그 왼쪽 종이의 자리를 바꿀 수 있으면 바꾸고, 바꿀 수 없으면 그대로 두세요."

❸ "△표와 그 왼쪽 종이의 자리를 바꿀 수 있으면 바꾸고, 바꿀 수 없으면 그대로 두세요."

❹ "○표와 그 오른쪽 종이의 자리를 바꿀 수 있으면 바꾸고, 바꿀 수 없으면 그대로 두세요."

❺ "+표와 그 오른쪽 종이의 자리를 바꿀 수 있으면 바꾸고, 바꿀 수 없으면 그대로 두세요."

❻ "-표와 그 오른쪽 종이의 자리를 바꿀 수 있으면 바꾸고, 바꿀 수 없으면 그대로 두세요."

❼ "이제 화면을 바라보는 방향에서 제일 오른쪽에 있는 종이 세 장을 치우면"

❽ "남은 그림은 △일 것입니다."

마술
50

━━━━━━━ 카르타고 건국 신화 ━━━━━━━

이럴 수가!

마술사는 평범한 A4 용지 한 장을 꺼냅니다. 그리고 그 종이를 가위로 오려서 사람이 통과할 만큼 넓은 구멍을 낼 수 있는지 관객들과 내기 합니다.

마술쇼는 이렇게

물론 관객들은 두 눈만 껌뻑일 뿐 선뜻 지원하지 않을 거예요. 그럼 마술사는 "이제부터 들려드리는 이야기만 끝까지 들으면 문제가 다 해결될 거예요."라며 이야기를 시작합니다.

"때는 바야흐로 기원전 814년. 오늘날의 레바논 남부 지역에는 무토왕이 다스리는 티레 왕국이 있었습니다. 무토 왕에게는 자녀가 둘 있었는데, 디도라는 딸과 그 남동생 피그말리온이었지요. 디도는 대사제와 결혼해야만 통치권을 물려받을 수 있는 상황이었기 때문에 결국 대사제 아케르바스와 혼인을 결심합니다. 그런데 세상에, 아케르바스는 결혼한 지 이틀 만에 죽고 맙니다. 비밀리에 사건을 캐던 디도는 이 비극이 다름 아닌 피그말리온의 소행이라는 것을 알게 됩니다. 왕위가 탐났던 것이죠. 남동생의 물불 안 가리는 권력욕을 피해서 디도는 외국으로 도피할 계획을 짜게 되고, 절친한 친구 두 명과 배를 타고 서쪽으로 떠납니다.

그렇게 도착한 곳은 아프리카의 작은 반도였습니다. 오늘날의 튀니지에 속하는 지역이지요. 거기서 디도는 토착민들이 우두머리로 섬기던 이아르바스를 찾아가서 호의를 부탁합니다. '소가죽 한 장 너비의 땅 한 뙈기'만 떼어달라고 말이에요. 인심 좋게도 이아르바스는 흔쾌히 알겠다고 약속했는데, 아마도 디도의 계산을 눈치챌 만큼 영악하지는 못했던가봅니다. 디도는 소가죽을 가느다란 띠 모양으로 잘라 이렇게 펼치기를 시작하는데……."

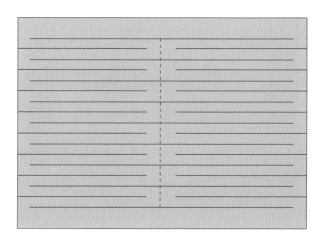

주의사항: 1. 미리 연습할 것.

2. 가로선과 점선을 따라 삐져나오지 않게 자를 것.

3. 흰 종이를 반으로 접어서 접힌 선 양끝은 그대로 두고 가운데만 자른 다음,

4. 왼쪽과 오른쪽에서 번갈아가며 가로변과 평행하게 잘라나갈 것.

5. 가로로 자르는 가위질 횟수는 홀수여야 하고, 13회 이상 되어야 사람이 통과할 만한 큰 구멍이 만들어집니다.

"가죽 띠를 펼쳐 두른 땅이 어찌나 넓었던지, 디도는 그곳에 '콰르트 하다슈트(새로운 도시)'를 세우게 됩니다. 이 도시가 바로 그 유명한 '카르타고'지요."

이야기를 마칠 때쯤 마술사는 가위질한 종이를 펼쳐 보이며 그 구멍을 직접 통과합니다. 두말할 것도 없이 내기의 승자는 마술사지요!

수학 덕후라면 '면적'과 '둘레'의 차이쯤은 알고 있겠지요? 아무리 가위질을 해도 면적은 변함없지만 둘레는 훨씬 더 커질 수 있다는 것도 말입니다.

그렇다면 코끼리가 통과할 만한 구멍을 만들려면 종이를 몇 번이나 잘라야 할까요? 수학 선생님의 구미를 당길 만한 문제 아닌가요?

이제 여러분 차례!
- A4용지 대신 트럼프 카드를 이용해보세요.
- 트럼프 카드는 A4용지보다 자르기가 어렵고, 가위질 간격이 훨씬 촘촘해야 한다는 것을 기억하세요. 결과물도 찢어지기가 쉬우니 조심해야 합니다.
- '트럼프 카드로 마술사 머리가 통과할 만한 구멍 만들기' 같은 내기는 어떨까요?
- 여러분이 직접 '머리'를 굴려보세요.

→ 해답은 263쪽에.

마지막 트로이카

이럴 수가!

1 대 1 카드마술이 슬슬 싱겁게 느껴진다면 1 대 3으로 붙어보는 건 어떨까요? 그런 대결에 안성맞춤인 마술이 하나 있거든요. 카드 세 장을 한 번에 찾아내는 기막힌 방법을 알려드립니다!

마술쇼는 이렇게

❶ 오른손에는 앞면이 아래를 향하도록 뒤집은 카드 한 벌(52장)을 모아 쥐고, 왼손 검지로 카드를 한 장씩 밀어 테이블 위에 길게 깔아주세요. 이때 왼쪽 카드가 오른쪽 카드 위로 약간 포개져야 합니다.

❷ 관객 세 명은 카드를 한 장씩 골라 확인한 후 각자 자기 앞에 내려놓습니다.

❸ 카드는 길게 깔려 있기 때문에 몇 장인지 쉽게 눈으로 셀 수 있습니다. 그렇게 왼쪽에서부터 열 장을 슬쩍 세어서 모아 쥔 후, 첫 번째 관객에게 섞어달라고 하세요.

❹ 관객은 잘 섞은 카드 패 위에 자기 카드를 올립니다.

❺ 그 카드 뭉치를 테이블에 내려놓으세요.

❻ 깔아둔 카드 중 왼쪽에서부터 그다음 열다섯 장을 모아 쥐고, 두 번째 관객에게도 섞어달라고 합니다.

❼ 두 번째 관객도 섞은 카드 패 위에 자기 카드를 올립니다.

❽ 그 카드 뭉치는 첫 번째 관객이 만든 패 위에 쌓으세요.

❾ 이번에는 깔아둔 카드를 오른쪽 끝에서부터 아홉 장 모아 쥐며 이건 여러분 몫이라고 설명합니다.

❿ 그리고 남아 있는 가운데 카드를 모두 모아서 세 번째 관객에게 건넵니다. 여기에는 52-3-10-15-9=15장이 들어 있겠지만 각각의 카드 뭉치가 몇 장인지 아는 사람은 여러분뿐이니 비밀로 해둡시다.

⓫ 세 번째 관객도 자기가 받은 카드 패를 섞은 다음, 그 위에 처음에 자신이 골랐던 카드를 올리고 앞의 두 카드 뭉치 위에 쌓습니다.

⓬ 여러분도 여러분이 가진 카드 아홉 장을 제일 위에 쌓으며 얘기하세요. "이제 여러분이 고른 카드 세 장이 어디 있는지는 아무도 모릅니다."

⓭ 카드를 한 장씩 내려놓으며 왼쪽에는 카드 앞면이 보이게, 오른쪽에는 뒷면이 보이게, 두 패로 나누자고 하세요. 여러분 왼쪽에는 카드를 앞면으로 한 장, 오른쪽에는 뒷면으로 한 장, 다시 왼쪽 카드 위에 앞면으로 한 장, 오른쪽 카드 위에 뒷면으로 한 장을 놓는 시범을 보여줍니다.

⓮ 모두들 규칙을 잘 이해했는지 확인한 후, 시범용으로 보여준 카드 네 장을 다시 모아 전체 카드 패 제일 밑으로 옮기세요. (잊지 마세요. 마술이 성공하려면 시범 과정이 꼭 필요합니다.)

⓯ 이제 카드 패 전체를 첫 번째 관객에게 내밀며 카드가 없어질 때까지 패 나누기를 이어나가게 합니다. 그리고 각자 자기가 골랐던 카드 앞면이 보이면 즉시 '스톱'을 외쳐달라고 부탁하세요.

⓰ 첫 번째 관객의 카드 패 나누기가 끝날 때까지 세 사람이 고른 카드는 한 장도 보이지 않을 것입니다. 그럼 "아직 하나도 안 나왔죠? 그럼 계속해봅시다."라고 이어가세요.

❼ 이번에는 뒷면이 보이게 쌓은 카드 26장을 두 번째 관객에게 건네주며 같은 작업을 반복하게 합니다. 그리고 혹시 카드가 지나가버릴지도 모르니 주의 깊게 관찰해달라고 얘기하세요.

❽ 하지만 이번에도 앞면이 보이는 열세 장 중 관객의 카드는 한 장도 없을 것입니다.

❾ 이제 뒤집힌 카드 열세 장을 세 번째 관객에게 주고 같은 작업을 반복하게 합니다.

❿ 역시 앞면이 보이는 카드 일곱 장 중 관객의 카드는 한 장도 없습니다. 뒤집힌 카드 여섯 장만 남게 되지요.

㉑ 이 여섯 장은 여러분이 직접 같은 방법을 통해 두 패로 나누세요. 이번에도 앞면이 보이는 카드 세 장 중 관객의 카드는 들어 있지 않습니다.

㉒ 그때, 마지막 카드 세 장을 앞으로 펼치며 얘기하세요. "짠! 지금까지 카드를 숨기느라 수고들 많으셨습니다. 하지만 여기까지네요." 자신들이 고른 카드가 마지막에 다함께 발견되다니, 친구들은 어안이 벙벙하겠지요. 게다가 순서까지 맞춰서 말이에요. 세 장 중 제일 위쪽 카드는 여러분이 볼 때 왼쪽에 있는 친구의 것이고, 그다음 카드는 가운데 친구, 마지막 카드는 오른쪽 친구의 카드거든요.

트릭 파헤치기

저는 이 마술을 각별히 좋아합니다. 여기에 어떤 비밀이 숨어 있는지 함께 밝혀볼까요?

1. 테이블과 맞닿는 제일 아래쪽 카드부터 번호 매김을 시작하면 제일

아래쪽 카드는 1번, 제일 위쪽 카드는 52번이 됩니다.

2. 카드 패가 완성되면 친구들이 고른 카드 세 장은 자연히 11번, 27번, 43번이 되지요.

3. 카드 나누기 시범을 보여준 후에는 각각 15번, 31번, 47번이 됩니다.

4. 앞면이 드러나 치운 카드와 뒷면 그대로 남은 카드에도 번호를 매겨 표를 완성해봅시다. 물음표 칸의 값들을 찾아내면 됩니다.

(X: 해당 패에 없는 카드들)

처음 자리	52	51	50	49	48	47	⋯	31	⋯	15	⋯	1
앞면	1	X	2	X	3	X		X		X		X
뒷면	X	1	X	2	X	3		?		?		26

처음 자리	26	⋯	19	⋯	11	⋯	3		1
앞면	1		?		?		?		?
뒷면	X		4		?		?		13

처음 자리	13	12	⋯	8	⋯	4	⋯	2	1
앞면	1	X		?		?		X	7
뒷면	X	?		?		?		6	X

처음 자리	6	5	4	3	2	1
앞면	1		2		3	
뒷면	X	?		?		?

→ 해답은 264쪽에.

카드와
숫자 마술

이제 여러분도 1부터 16까지의 숫자를 한 번씩만 써서 합이 34가 되는
4×4 마방진을 만들 수 있습니다. 아래 표처럼 말이에요.

3	5	10	16
12	14	1	7
13	11	8	2
6	4	15	9

가로줄, 세로줄, 대각선에 놓인 네 숫자의 합은 언제나 34가 되지요.
이번 장에서는 이러한 마방진의 원리를 활용해보기로 합시다.

마술
52

● 연습하기 ●

만약에 관객이 34를 넘어가는 수를 고른다면 어떻게 해야 할까요? 그
럴 때를 대비해서 우리는 앞에 나온 마방진을 이용해 합이 34보다 큰

수가 나오는 새로운 마방진 만드는 법을 익혀두어야 합니다.

어떻게 해야 할까?

이런 대처법도 가능합니다.

예를 들어 82를 만들어야 한다면?

• 82 = 34 + 48과 48 = 4 × 12를 이용하는 거예요. 마방진 각 숫자에 12를 더하면 아래처럼 합이 82가 되는 마방진을 만들 수 있습니다.

15	17	22	28
24	26	13	19
25	23	20	14
18	16	27	21

• 마방진의 합이 4 × 12 = 48만큼 커지게 되니까요.

만약 84를 만들어야 한다면?

• 84 = 34 + 50과 50 = 4 × 12 + 2를 이용합니다. 각각의 가로줄, 세로줄, 대각선 위 네 개의 숫자 중에 세 개에는 12를 더하고, 나머지 하나에는 12 + 2 = 14를 더하는 것이죠.

• 12 + 2 = 14는 앞에서 본 마방진에서 가장 큰 숫자 네 개(25, 26, 27, 28)에 더하면 됩니다. 서로 다른 가로줄과 세로줄에 분포해 있고, 대각선에도 하나씩만 들어 있으니까요.

15	17	22	30
24	28	23	19
27	23	20	14
18	16	29	21

• 그러면 이 네 칸의 값이 처음보다 $12+2=14$만큼 커지므로 마방진의 합은 $34+(3 \times 12)+(12+2)=34+50=84$가 됩니다.

84 대신 n이라는 일반적인 수를 만들 때는 어떨까요?

• n에서 34를 빼고 4로 나눈 몫(q)과 나머지(r)을 이용합니다. 즉, $n-34=4q+r$입니다.

• 마방진에서 가장 작은 숫자 열두 개에 모두 q를 더하고, 나머지 숫자 네 개에는 (q+r)을 더하세요.

• 그럼 마방진의 합은 $3q+(q+r)=4q+r$만큼 커지기 때문에 결국 n이 됩니다.

트럼프 카드 중 에이스 네 장, 잭 네 장, 퀸 네 장, 킹 네 장을 이용할 수도 있습니다.

(♣=클로버, ♥=하트, ♦=다이아몬드, ♠=스페이드 / K=킹, Q=퀸, J=잭, A=에이스)

이 카드들을 아래처럼 4×4 배열로 놓고 가만히 살펴보면

• 가로줄마다 에이스, 잭, 퀸, 킹이 한 장씩 들어 있습니다. 세로줄과 대각선도 마찬가지입니다.

• 가로줄마다 클로버, 다이아몬드, 하트, 스페이드가 한 장씩 들어 있습니다. 세로줄과 대각선도 마찬가지입니다. 벌써 마술 같은 느낌이 들지 않나요?

이어서 좀 더 놀라운 특징들을 밝혀보죠. 이해를 돕기 위해 열여섯 개 칸에 아래처럼 이름 붙여봅시다.

1	2	3	4
5	6	7	8
9	10	11	12
13	14	15	16

♣Q	♦A	♥J	♠K
♥K	♠J	♣A	♦Q
♠A	♥Q	♦K	♣J
♦J	♣K	♠Q	♥A

• 가운데 네 칸 6-7-10-11에는 에이스, 잭, 퀸, 킹이 한 장씩, 스페이드, 클로버, 하트, 다이아몬드도 한 장씩 들어 있습니다.
• 모서리 네 칸 1-4-13-16에도 마찬가지입니다.
• 모서리와 그 이웃 칸들 1-2-5-6 / 3-4-7-8 / 9-10-13-14 / 11-12-15-16도 마찬가지입니다.
• 심지어 직사각형을 이루는 2-3-14-15와 5-8-9-12도 마찬가지입니다.

이 카드들을 102쪽 마방진 숫자들과 쌍을 지으면 아래처럼 됩니다. 수학에서는 이 과정을 '전단사' 또는 '1 대 1 대응'이라고 부르지요.
♣A=1, ♣J=2, ♣Q=3, ♣K=4

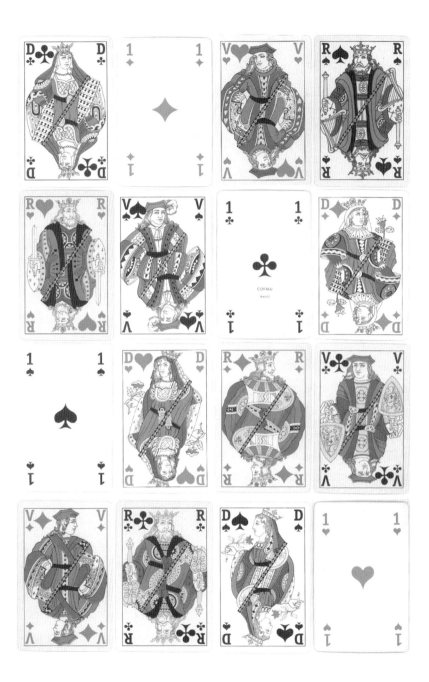

♦A=5, ♦J=6, ♦Q=7, ♦K=8

♥A=9, ♥J=10, ♥Q=11, ♥K=12

♠A=13, ♠J=14, ♠Q=15, ♠K=16

두 사각형이 서로 대응 관계에 있기 때문에 이 카드 배열도 마방진이 됩니다!

카드 마방진

지금까지 배운 내용을 바탕으로 이제 마술 준비를 시작해볼까요?

이럴 수가!

1. 마술사는 준비해둔 종이에 4×4 형태의 표를 그립니다.

2. 열여섯 개 칸은 트럼프 카드 열여섯 장이 들어갈 수 있게 모양을 맞춰주세요.

3. 에이스, 잭, 퀸, 킹 카드를 네 장씩 모아 관객에게 건네주고

4. 가로줄, 세로줄, 대각선마다 스페이드, 하트, 다이아몬드, 클로버, 에이스, 잭, 퀸, 킹 카드가 한 장씩만 들어가도록 배열해달라고 주문합니다.

5. 분명 관객은 카드를 들고 한참을 고민할 거예요. 그럼 마술사는 ♣A, ♦J, ♥Q, ♠K을 가로줄, 세로줄, 대각선 중 하나에 두거나 각 모서리에 한 장씩, 또는 가운데 네 칸에 둘 것을 제안합니다.

6. 나머지 칸은 일정한 규칙에 따라 마술사가 채워나가면 됩니다. 어떻게 채우느냐고요? 여러 가지 경우의 수가 있지요.

마술쇼는 이렇게
❶ 관객이 가운데 네 칸을 채운 경우

1	2	3	4
5	♣A	♦J	8
9	♥Q	♠K	12
13	14	15	16

	♣	♥	
	♥	♠	

• 모서리 1번과 만나는 ♣A를 기준으로 아래에는 ♥가, 옆에는 J가 있습니다. 따라서 1번 자리에 올 카드는 ♥J입니다.

• 모서리 4번과 만나는 ♦J를 기준으로 아래에는 ♠가, 옆에는 A가 있습니다. 따라서 4번 자리에 올 카드는 ♠A입니다.

• 하나의 가로줄, 세로줄, 대각선에 같은 무늬나 같은 값이 올 수 없다는 것을 기억하면 나머지 칸들도 쉽게 채울 수 있습니다.

❷ 관객이 각 모서리에 한 칸씩 채운 경우

• 10번 칸은 클로버인 1번 칸과 같은 무늬여야 합니다. 그런데 J와 Q

는 이미 대각선상에 있기 때문에 ♣A 또는 ♣K가 되어야 합니다. 그 중 ♣A카드는 벌써 사용했으므로 ♣K밖에는 올 수 없습니다.

• 같은 방식으로 11번 칸은 ◆카드가 되어야 합니다. 하지만 K와 A는 이미 대각선상에 있고 ◆J카드는 이미 사용했으므로 ◆Q를 놓아야 합니다.

• 나머지도 같은 방식으로 쉽게 해결할 수 있습니다.

♣A	2	3	◆J
5	6	7	8
9	10	11	12
♥Q	14	15	♠K

♣			♥
♠			♦

❸ 관객이 가운데 세로줄을 채운 경우

• 1번 칸은 하트 무늬여야 하지만 대각선상에 있는 J나 가로줄에 있는 A와 겹쳐서는 안 됩니다. 이미 사용한 ♥Q도 쓸 수 없습니다. 따라서 1번 칸에는 ♥K가 와야 합니다.

• 13번 칸은 다이아몬드 무늬여야 하지만 가로줄에 있는 K나 대각선상에 있는 J와 겹쳐서는 안 됩니다. 이미 사용한 ◆J도 쓸 수 없습니다. 따라서 13번 칸에는 ◆A가 와야 합니다.

• 나머지도 같은 방식을 따릅니다.

1	♣A	3	4
5	♦J	7	8
9	♥Q	11	12
13	♠K	15	16

❹ 관객이 가장자리 세로줄을 채운 경우

1	2	3	♣A
5	6	7	♦J
9	10	11	♥Q
13	14	15	♠K

• 11번 칸은 클로버 무늬여야 하지만, 가로줄에 있는 Q나 대각선상에

있는 K와 겹쳐서는 안 되고 이미 사용한 ♣A도 사용할 수 없습니다. 따라서 ♣J밖에는 올 수 없습니다.

• 마찬가지로 유추하면 7번 칸에는 ♠J가 와야 합니다.

• 나머지도 같은 방식을 따릅니다.

❺ 관객이 대각선을 채운 경우

♣A	2	3	4
5	♦J	7	8
9	10	♥Q	12
13	14	15	♠K

♣			
	♦J		
		♥Q	
			♠K

• 10번 칸은 클로버 무늬여야 하지만, 세로줄에 있는 J나 가로줄에 있는 Q나 이미 사용한 ♣A는 올 수 없기 때문에 ♣K가 됩니다.

• 7번 칸은 ♠A입니다.

• 나머지도 같은 방식을 따릅니다.

관객이 가로줄을 채운 경우에는 세로줄을 채운 경우를 응용하면 됩니다.

참고하기! 카드 열여섯 장을 이용한 이 표는 합이 34 이상의 정수(n)가 되는 마방진을 만들 때 응용할 수 있습니다. n을 4로 나누면 n=4q+r 이 되고, 정수 r은 0, 1, 2, 3 중 하나의 값을 갖게 됩니다. 따라서 카드 가 놓인 칸은 다음과 같이 표현할 수 있습니다.

- ♣A=1+q, ♣J=2+q, ♣Q=3+q, ♣K=4+q
- ◆A=5+q, ◆J=6+q, ◆Q=7+q, ◆K=8+q
- ♥A=9+q, ♥J=10+q, ♥Q=11+q, ♥K=12+q
- ♠A=13+q+r, ♠J=14+q+r, ♠Q=15+q+r, ♠K=16+q+r

Chapter
13

인터넷
마술 초대

여러분도 이메일로 마술사의 초대를 받은 적이 있나요?

이번 장에서는 그 메커니즘을 뜯어볼까 합니다.

더 이상 당하기만 할 수는 없다면 이참에 반짝이는 아이디어로

새로운 마술까지 고안해볼까요?

사라진 카드

이럴 수가!

컴퓨터가 화면 앞에 앉아 있는 상대의 카드를 알아맞힙니다.

마술쇼는 이렇게

❶ 마술사가 컴퓨터 화면을 통해 지시를 보냅니다.

"아래 여섯 장의 카드 중 하나를 고르시오."

❷ 컴퓨터 마술사가 '파밧' 하고 모니터를 껐다 켜면

❸ 카드는 어느새 다섯 장만 남고 우리가 고른 카드는 사라져버렸습니다. …… 컴퓨터는 정말 우리 마음을 읽은 걸까요?

트릭 파헤치기

처음에 화면 앞에 여섯 명이 모여서 각기 다른 카드를 고르더라도 두 번째 화면에서 자기 카드를 발견할 사람은 아무도 없을 것입니다. 물론 컴퓨터는 아무 것도 모르지요. 원래 트럼프 카드에는 그림 카드가 열두 장씩 들어 있기 때문에(J, Q, K가 네 장씩) 마술사는 서로 다른 카드를 열두 장이나 사용할 수 있습니다. 물론 열한 장만 쓰는 것이 더 간단하지만 말입니다. 사실, 첫 화면에 뜬 여섯 장 중 두 번째 화면까지 그대로 남아 있는 카드는 한 장도 없습니다! 완전히 새로운 카드 다섯 장을 펼쳐놓고 마치 한 장이 증발한 것처럼 한 칸 비워놓았을 뿐이니까요.

초콜릿과 수학이 만나면

주변에 먹성 좋은 사람을 알고 있다면 이 마술이 안성맞춤이겠군요.
(2007년에 인터넷을 뜨겁게 달군 마술이기도 합니다.)

이럴 수가!

초콜릿을 이용해서 나이를 알아맞힙니다.

마술쇼는 이렇게

❶ 초콜릿을 좋아하는 사람을 찾아 일주일에 초콜릿을 몇 조각이나 먹는지 생각해보게 하세요.

❷ 그리고 몇 가지 계산을 주문합니다.

"그 개수에 2를 곱하고"

"5를 더하고"

"거기에 50을 곱하고"

"올해 생일이 지났으면 1757, 안 지났으면 1756을 더한 다음"

"거기서 태어난 연도를 빼는 거야."

❸ 이제 관객의 나이가 밝혀졌습니다. 어떻게 된 걸까요?

트릭 파헤치기

1. 일주일 동안 먹은 초콜릿 개수를 n이라고 할 때 연산은 다음과 같습니다.

$2n$

$2n+5$

$50(2n+5) = 100n + 250$

2. 그리고 올해 생일이 지났으면 $100n+250+1757 = 100n+2007$, 생일이 지나지 않았으면 $100n+250+1756 = 100n+2006$이 됩니다.

3. 이 마술은 2007년도를 기준으로 설계되었기 때문에 지금이 2007년이라고 상상하며 원리를 파악해야 합니다. 만일 2007년도 생일이 지났다면 태어난 연도는 (2007-나이)입니다. 따라서 나이를 A라고 할 때 태어난 연도는 (2007-A)로 표현할 수 있지요.

기억하기: 나이는 만으로 계산해야 합니다.

4. 정리하면 다음과 같습니다.

$100n + 2007 - (2007 - A) = 100n + A$

5. 만약 생일이 지나지 않았으면 태어난 연도는 $(2006 - A)$이고

6. 정리하면 다음과 같습니다.

$100n + 2006 - (2006 - A) = 100n + A \rightarrow$ 결과적으로 두 경우는 모두 $(100n + A)$가 됩니다.

가령 n=7, 나이=43세일 때를 계산해보면 결과는 700+43+743이 됩니다. 왼쪽 한 자리는 초콜릿 개수, 오른쪽 두 자리는 나이인 것을 알 수 있지요.

주의사항을 깜빡했군요! 이 마술은 상대가 100세 이상일 때는 통하지 않습니다.

예: n=7, 나이=102세일 때, 결과는 700+102=802가 됩니다.

→ 하지만 관객이 두 살일 리가 없겠죠? n 역시 8이 아닙니다.

사실 이 마술은 메일 속 지시와 달리 1년 후에도, 2년 후에도 계속 응용할 수 있습니다. 만약 지금이 2018년이라면 아래처럼 바꿀 수 있어요. "올해 생일이 지났으면 1757을 더하고" → "올해 생일이 지났으면 1768을 더하고", "지나지 않았으면 1756을 더하고" → "지나지 않았으면 1767을 더하고"

이런 식으로 항상 $(100n + A)$ 형태가 나오게만 고쳐주면 완성입니다!

마리냐노 전투

이럴 수가!

컴퓨터 지시에 따라 연산을 하다 보면 생일이 밝혀집니다.

마술쇼는 이렇게

❶ 컴퓨터가 말합니다.

"저의 생일은 1950년 8월 22일. 그러니까 날짜는 22, 월은 8, 연도 끝 두 자리는 50입니다. 저랑 게임 하나 해보시겠습니까? 준비물은 계산기 하나면 됩니다."

❷ "당신이 태어난 '일'에 20을 곱하고"

"3을 더하십시오."

"거기에 5를 곱한 다음"

"당신이 태어난 '월'을 더하십시오."

"거기에 20을 곱하고"

"3을 더하고"

"다시 5를 곱하고"

"당신이 태어난 '연도'의 끝 두 자리를 더하십시오."

"그리고 마리냐노 전투를 기념하는 의미에서 1515를 빼십시오."

"이제 화면에 무엇이 보이십니까?"

❸ "당신의 생일이 맞습니까? (일/월/연 순으로)"

여러분은 이 마술의 원리를 설명할 수 있나요? 날짜는 x, 월은 y, 연도 끝 두 자리는 z로 놓고 생각해보세요.

→ 해답은 264쪽에.

날짜 커닝하기

이럴 수가!

컴퓨터 지시에 따라 연산을 하다보면 생일이 밝혀집니다.

마술쇼는 이렇게

❶ 컴퓨터 마술사가 지시합니다.

"당신이 태어난 월(M)에 31을 곱하고"

"당신이 태어난 날짜(D) 12를 곱한 다음"

"두 값을 더하십시오."

"얼마가 나왔습니까?"

❷ 화면에는 여러분의 생일이 나타납니다.

트릭 파헤치기

가능한 연산의 경우를 모두 생각해보면 아래 표와 같이 총 (31M+12 D) 개입니다.

같은 값이 나오는 경우는 하나도 없지요. 따라서 이 표만 커닝하면 M과 D를 알 수 있습니다. 혹은 모든 값을 기억하는 컴퓨터를 이용하면 최종 결과만 가지고도 가로줄과 세로줄 값을 도출할 수 있지요.

수학 덕후를 위한 코너

컴퓨터 없이 암산만으로도 성공할 수 있을까요?

	1	2	3	4	5	6	7	8	9	10	11	12
1	43	74	105	136	167	198	229	260	291	322	353	384
2	55	86	117	148	179	210	241	272	303	334	365	396
3	67	98	129	160	191	222	253	284	315	346	377	408
4	79	110	141	172	203	234	265	296	327	358	389	420
5	91	122	153	184	215	246	277	308	339	370	401	432
6	103	134	165	196	227	258	289	320	351	382	413	444
7	115	146	177	208	239	270	301	332	363	394	425	456
8	127	158	189	220	251	282	313	344	375	406	437	468
9	139	170	201	232	263	294	325	356	387	418	449	480
10	151	182	213	244	275	306	337	368	399	430	461	492
11	163	194	225	256	287	318	349	380	411	442	473	504
12	175	206	237	268	299	330	361	392	423	454	485	516
13	187	218	249	280	311	342	373	404	435	466	497	528
14	199	230	261	292	323	354	385	416	447	478	509	540
15	211	242	273	304	335	366	397	428	459	490	521	552

	1	2	3	4	5	6	7	8	9	10	11	12
16	223	254	285	316	347	378	409	440	471	502	533	564
17	235	266	297	328	359	390	421	452	483	514	545	576
18	247	278	309	340	371	402	433	464	495	526	557	588
19	259	290	321	352	383	414	445	476	507	538	569	600
20	271	302	333	364	395	426	457	488	519	550	581	612
21	283	314	345	376	407	438	469	500	531	562	593	624
22	295	326	357	388	419	450	481	512	543	574	605	636
23	307	338	369	400	431	462	493	524	555	586	617	648
24	319	350	381	412	443	474	505	536	567	598	629	660
25	331	362	393	424	455	486	517	548	579	610	641	672
26	343	374	405	436	467	498	529	560	591	622	653	684
27	355	386	417	448	479	510	541	572	603	634	665	696
28	367	398	429	460	491	522	553	584	615	646	677	708
29	379	410	441	472	503	534	565	596	627	658	689	720
30	391	422	453	484	515	546	577	608	639	670	701	732
31	403	434	465	496	527	558	589	620	651	682	713	744

→ 해답은 265쪽에.

생각을 읽는 컴퓨터

이럴 수가!

컴퓨터가 인터넷 사이트에 접속한 방문객의 생각을 읽어냅니다.

마술쇼는 이렇게

❶ 방문객은 1부터 99 사이의 정수 중 하나를 생각한 후(예: 57)

❷ 그 수를 이루는 두 숫자의 합을 뺍니다. (예: 57-(5+7)=45)

❸ 화면에는 숫자 0~99와 쌍을 이루는 기호 100개가 띄워져 있습니다.

❹ 방문객은 조금 전 계산한 값에 해당하는 기호를 찾습니다. (예: 45의 기호는 €)

❺ 잠시 거기에 정신을 집중하고 있으면 컴퓨터가 생각을 읽어냅니다.

❻ 이제 화면 속 네모 칸을 클릭하면? 생각하던 그 기호(예: €)가 뜰 거예요. 컴퓨터의 텔레파시가 성공했군요!

이 마술은 몇 번이든 다시 반복할 수 있습니다. 숫자와 기호 조합이 매번 바뀌기 때문에 같은 숫자를 고르더라도 기호가 계속 달라지거든요. 여간해선 트릭을 들키지 않을 거예요.

수학 덕후를 위한 코너 "이 마술의 원리는?"

어떤 정수에서 그 정수를 이루는 숫자들의 합을 빼면 항상 9의 배수가

0:€	1	2	3	4	5	6	7	8	9:€
10	11	12	13	14	15	16	17	18:€	19
20	21	22	23	24	25	26	27:€	28	29
30	31	32	33	34	35	36:€	37	38	39
40	41	42	43	44	45:€	46	47	48	49
50	51	52	53	54:€	55	56	57	58	59
60	61	62	63:€	64	65	66	67	68	69
70	71	72:€	73	74	75	76	77	78	79
80	81:€	82	83	84	85	86	89	88	89
90	91	92	93	94	95	96	97	98	99

나온다는 것이 핵심입니다. 제시된 표에서는 0부터 81까지 모든 9의 배수가 같은 기호를 가지고 있어요. 마지막 화면에는 항상 그 기호가 뜨게 되어 있지요.

표의 배열에도 교묘한 트릭이 숨어 있습니다. 0은 오른쪽 위, 9는 왼쪽 위에 오게 해서 9부터 81까지 9의 배수들이 대각선으로 오게 하면 눈에 잘 띄지 않지요.

위의 표는 실제 인터넷 창에 띄울 표와 달리 계산 결과 절대로 나올 수 없는 90개 칸의 기호들을 생략했습니다. 기억해둘 점은 90과 99도 9의 배수지만 계산해보면 절대로 나오지 않는 값이라는 사실입니다. 지시에 따라 계산했을 때 나올 수 있는 가장 큰 수는 81이니까요. 따라서 90과 99에는 다른 기호를 부여해주세요.

마술 접시를 돌려라!

이럴 수가!

식당에서 순번을 기다리는 동안, 접시와 테이블 냅킨과 연필로 수학 마술에 도전해보세요. 눈 깜짝할 새에 지루한 시간이 지나갈 거예요. 뒤집은 접시의 둘레 위에 한 점 A가 있습니다. A로부터 정반대에 있는 점을 찾으려면 어떻게 해야 할까요?

단,

- 접시의 중심이 어디인지는 알 수 없습니다.
- 자와 같이 직선을 그을 수 있는 도구는 사용할 수 없습니다.
- 하나의 접시만 사용해야 합니다.

힌트

- 접시 위치를 바꿔가며 둘레를 따라 그린 여러 개의 원을 이용할 것!

보상

- 문제를 푸는 사람에게는 음료 한 잔!

트릭 파헤치기

둘레 위 한 점 A로부터 정반대편에 위치한 점 A′를 찾고 싶다면 A를

157

여러 방법으로 이동시킵니다.

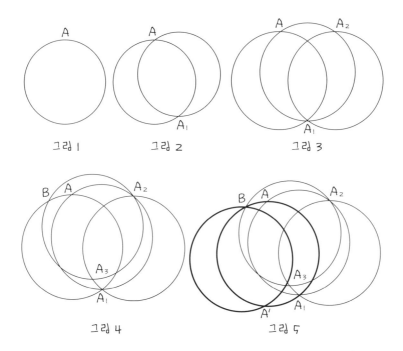

그림 1 그림 2 그림 3

그림 4 그림 5

드디어, 점 A′가 밝혀집니다!

수학 덕후를 위한 코너

이 방법이 옳다는 것을 어떻게 증명할 수 있을까요? (힌트: 기준점들을 눈여겨보세요.)

→ 해답은 266쪽에.

수학 파노라마

이럴 수가!

서른여섯 칸짜리 표에서 숫자 여섯 개를 고르면 눈을 가린 마술사가
그 합을 알아냅니다.

마술쇼는 이렇게

❶ 이번 마술에서는 타로 카드를 미리 준비해야 합니다. 지시에 따라
아래 값을 가진 카드 서른여섯 장을 앞면이 아래를 향하도록 정사각형
으로 배열해주세요.

1	2	3	4	5	6
2	3	4	5	6	7
3	4	5	6	7	8
4	5	6	7	8	9
5	6	7	8	9	10
15	16	17	18	19	20

• 첫 네 줄은 숫자 값만 맞춰서 채웁니다. 하트, 스페이드, 클로버, 다
이아몬드 중 어떤 무늬든 상관없습니다.

• 마지막 두 줄은 타로 카드 중 '아투(으뜸패)' 열두 장으로 채웁니다.

아투가 아닌 5번 카드 네 장과 6번 카드 네 장은 첫 네 줄을 만들 때 모두 사용했다는 것을 기억하세요.

❷ 이제 관객을 초대합니다.

❸ 마술사는 뒤돌아서고, 관객에게 가로줄마다 한 장씩, 총 여섯 장의 카드를 뒤집어 혼자만 알고 있게 합니다.

❹ 관객에게 제일 왼쪽 세로줄에는 카드가 몇 장 뒤집혀 있는지 물어보세요. 이어서 그다음 줄, 또 그다음 줄 등 차례로 여섯 줄에 대해 물어봅니다.

❺ 이것만으로도 마술사는 관객이 뒤집은 카드 여섯 장의 합을 알 수 있습니다. 어떻게 된 일일까요? 해답 편을 펼치기 전에 충분히 생각해보세요.

→ 해답은 267쪽에.

수학
축제

샤를 바르비에의 축하 선물, 마술 피라미드!
복잡해 보이는 멋진 피라미드를 만들어두면 깜짝쇼를 보여줄 수도 있습니다.
함께 만들어볼까요?

2000년부터 매년 5월 마지막 주나 6월 첫 주가 되면 목요일부터 일요일까지 프랑스 파리 생-쉴피스 광장에서는 수학 축제가 열립니다. 온종일 있어도 시간 가는 줄 모를 만큼 재미나고 창의적인 유익한 놀거리가 가득한 곳이지요! 게다가 입장도 무료랍니다.

2002년, 저는 그곳에서 최고의 마술사 샤를 바르비에를 만났습니다. 90세의 고령에도 아주 정정했지요. 6월이 되면 모친의 88세 생신잔치가 있다는 제 얘기에 바르비에 씨는 마술 피라미드를 만들어주었습니다.

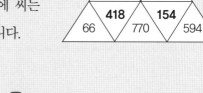

• 그림 속에는 66부터 770까지, 첫 번째 숫자에 88을 계속 더해가며 얻은 값들이 들어 있습니다.

• 그리고 큰 삼각형을 이루는 세 변 중 하나를 골라 그 위에 있는 숫자 다섯 개를 더하면 합은 항상 2002가 됩니다.

2002=66+418+506+682+330

     =66+418+770+154+594

     =330+682+242+154+594

• 밑변 가운데의 작은 삼각형과 만나는 밑줄 친 숫자 다섯 개도 합이 동일합니다.

418+506+682+242+154=2002

이런 특징을 관찰하던 저는 문득 아이디어가 하나 떠올랐지요. 2006년 제7회 수학축제에서 만날 당돌한 수학 덕후들을 위한 퀴즈가 말입니다.

· 마술 피라미드 ·

이제 여러분 차례! 직접 마술 피라미드를 만들어보세요.

• 7을 연속으로 더해서 얻은 정수를 이용할 것.

• 큰 삼각형 각 변 위에 놓인 숫자의 합 (a+c+d+f+e), (a+c+d+h+i), (e+f+g+h+i)와 밑줄 친 다섯 숫자의 합(f+b+c+d+h)이 각각 2006이 되게 할 것.

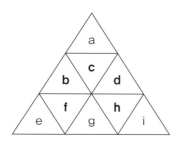

미리 준비하기

이 연습문제의 비밀도 곧 밝히겠지만 먼저는 이 신기한 삼각형에 대해 좀 더 설명하고 넘어가는 것이 좋겠군요.

첫 숫자에 1을 계속 더해서 만든 1~9 피라미드부터 생각해볼까요?

피라미드 속 숫자 아홉 개를 다음과 같이 문자로 표현해봅시다.

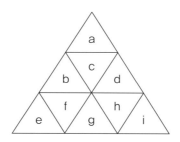

1. 각 변 위에 있는 숫자들의 합을 S라고 하면 다음과 같은 식을 얻을 수 있습니다.

$S = e + f + b + c + a$

$S = a + c + d + h + i$

$S = e + f + g + h + i$

2. 세 식의 좌변과 우변을 더하면

$3S = 2a+2c+2e+2f+2h+2i+b+d+g$가 되고,

b, d, g는 한 번씩만 더해졌기 때문에 $3S$는 $(a+b+c+d+e+f+g+h+i)$의 두 배보다 작은 수입니다.

3. 따라서 $3S$는 1부터 9까지의 합$(2\times45=90)$에 2를 곱한 후 $(b+d+g)$를 뺀 것과 같습니다.

$$3S = (2\times45)\times2 - (b+d+g)$$

4. 이 값을 3으로 나누면 우리가 찾던 S가 나오지요.

$\rightarrow S = 30 - (b+d+g) \div 3$

5. b, d, g는 서로 다른 숫자이므로 최솟값은 $1+2+3=6$, 최곳값은 $7+8+9=24$입니다. 따라서 우리가 찾는 합 S는 $30-8=22$ 이상이고 $30-2=28$ 이하라는 것을 알 수 있습니다.

$\rightarrow 30-8 < S < 30-2$

$22 < S < 28$

6. 이제 합이 22가 나오는 경우부터 28이 나오는 경우까지, 하나씩 대입해가며 피라미드를 만들면 됩니다. 밑변 중앙의 작은 삼각형을 둘러싼 숫자들의 합도 같아야 한다는 것을 잊지 마세요. 직접 대입해보면 숫자 피라미드 1~9로 만들 수 있는 합은 22, 24, 25, 26, 28밖에 없다는 것을 알 수 있습니다.

합이 22일 때   합이 24일 때   합이 25일 때   합이 26일 때   합이 28일 때

제7회 수학 축제 퀴즈의 비밀

7을 연속으로 더해 얻은 숫자로 한 변의 합이 2006이 되는 피라미드를 만들려면 어떻게 해야 할까요?

아홉 개 숫자 중 가장 작은 값을 a라고 합시다.

1을 연속으로 더해서 합이 1+2+4+6+9=22가 되는 피라미드를 응용하면

1. a에 7을 연속으로 더한 피라미드의 경우는 다음과 같습니다.

$a+(a+7)+(a+3\times7)+(a+5\times7)+(a+8\times7)=5a+17\times7$

$=5a+119$

2. $5a+119=2006$이므로 $5a=1887$이 됩니다.

→ a는 정수이기 때문에 이 방정식은 불가능합니다. 5의 배수는 항상 5 또는 0으로 끝나서 7은 나올 수 없으니까요.

1을 연속으로 더해서 합이 1+4+5+6+8=24가 되는 피라미드를 응용하면

1. $a+(a+3\times7)+(a+4\times7)+(a+5\times7)+(a+7\times7)$

$=5a+19\times7$

$=5a+133$

2. $5a+133=2006$이므로 $5a=1873$이 됩니다.

→ 따라서 답이 될 수 없습니다.

합이 25와 26인 경우도 같은 방식으로 정리해보면 역시 불가능합니다.

25일 때: $5a=2006-7\times20=2006-140=1866$

26일 때: $5a=2006-7\times21=2006-147=1859$

→ 두 경우 모두 결과가 5의 배수가 아니므로 정수 a를 찾을 수 없습니다.

하지만 합이 28일 때는 가능합니다.

$5a = 2006 - 23 \times 7 = 2006 - 161 = 1845$

따라서 이 값을 5로 나누면 a=369를 찾을 수 있습니다.

이 문제를 풀 때 응용 가능한 모형은 합이 28인 경우이고, 이때 피라미드에서 제일 작은 숫자는 369입니다. 여기에 7을 연속으로 더해가며 합이 28이 되는 피라미드를 만들면 아래와 같습니다.

마술
62

도전은 계속된다

이제 여러분 차례! 직접 마술 피라미드를 만들어보세요.
아직도 도전하고 싶은 친구들을 위해 두 가지 문제를 더 준비해두었지요.
• 1부터 9까지의 숫자로 만든 마술 피라미드를 응용해서 2003년에 90세 생신을 맞으신 할머니께 축하선물을 드리려고 합니다. 숫자가 90씩 커지고 합이 2003이 되는 마술 피라미드를 만들 수 있을까요?
• 2004년 91세 생신에도 같은 방법으로 축하해드릴 수 있을까요?

→ 해답은 269쪽에.

수학식이
트릭이 될 때

수학을 배워서 어디다 쓰냐고요?
때론 삶이 편해지고, 때론 숫자만 바뀌는 비슷한 유형의 문제들을
간단히 해결할 수 있지요.
기가 막힌 시간 절약형 공식들이 있거든요.

마지막 카드

이럴 수가!

마술사는 카드 패에서 늘 마지막까지 남게 되는 카드를 알아맞힙니다.

마술쇼는 이렇게

❶ 마술사가 관객에게 다가가 카드 한 벌을 내밀면 관객은 원하는 만큼 카드를 덜어냅니다.

❷ 이어서 마술사는 카드를 한 장씩 찬찬히 살펴보고 종이에 카드 이름을 하나 적어 예언합니다.

❸ 이제 관객에게 카드 패를 넘깁니다.

❹ 관객은 제일 위쪽 카드를 버리고, 그다음 카드는 패 제일 밑으로 옮기고, 그다음 카드는 버리고, 그다음 카드는 다시 밑으로 옮기며 마지막 한 장만 남을 때까지 계속합니다.

❺ 그리고 마술사가 예언해둔 종이를 펼치면? 놀랍게도 그 마지막 카드의 이름이 적혀 있을 거예요! 몇 번을 도전하든, 카드를 몇 장 사용하든, 마술사의 예언은 언제나 적중합니다.

트릭 파헤치기

과학과 수학을 조금만 더 배우면 여러분도 마술사의 비밀을 이해하게

될 거예요. 하지만 그때까지 마냥 기다릴 수는 없겠죠?

1. 그렇다면 관객이 덜어내고 남은 패의 장수를 x라고 합시다. 제일 위쪽 카드를 1번, 제일 아래쪽 카드를 x라고 하면 문제는 간단히 해결됩니다. 우선 답부터 공개하고 뒤이어 설명하도록 하지요.

2. '한 장 걸러 한 장씩' 카드를 버리는 셈이니까 마지막 카드는 $2(x-2^n)$라고 표현할 수 있습니다.

• 여기서 2^n은 x보다 작은 2의 거듭제곱 중 가장 큰 수를 가리킵니다.

• 그러니까 처음에 마술사는 카드를 살피는 척하며 몇 장인지 슬쩍 확인해두었다가 마지막 남을 카드 위치를 암산으로 찾아 그 자리에 있는 카드 이름을 종이에 적으면 됩니다.

예를 들어,

• 카드가 23장이라면 23보다 작은 2의 거듭제곱 중 가장 큰 수는 16입니다. 따라서 마지막에 남을 카드 위치는 다음과 같습니다.

$2(23-16)=2\times7=14$

• 카드가 32장일 때도 2의 거듭제곱 중 가장 큰 수는 역시 16이고 마지막에 남을 카드 위치는 다음과 같습니다.

$2(32-16)=2\times16=32$

이 경우에는 제일 아래쪽 카드에 해당하겠군요.

어디서 생겨난 공식인가요?

그것 참 만만치 않은 질문이군요···. 자, 아래 설명을 차근차근 따라와 주세요.

우선 2장~13장 카드 패를 예로 들어 생각해봅시다. 스페이드 카드를 1번(제일 위쪽 카드)부터 잭(11번), 퀸(12번), 또는 킹(13번)까지 원하는 장수만큼 준비해서 직접 테스트해보면 마지막 카드 번호가 $2(x-2^n)$이라는 공식에 꼭 들어맞는 것을 확인할 수 있을 것입니다.

두 번째 레벨로 넘어갈까요? 이번에는 연필을 들고 위에서 아래로 옮겨지는 카드의 움직임을 종이에 그리며 따라가 봅시다.

1. 원을 그려서 원 둘레에 카드 장수만큼 위치를 표시합니다. 그리고 시계 방향으로 숫자를 적어나가세요.

2. 첫 번째 카드는 버려야 하므로 1번 자리에는 x표를 합니다.

3. 두 번째 카드는 밑으로 옮겨야 하므로 2번 자리는 남겨두세요. 이 칸은 한 바퀴를 돌고 나서 다시 시작할 때 채워질 것입니다.

4. 이어서 3번은 지우고 4번은 남기는 방식으로 한 바퀴를 돕니다.

5. 그 후에는 남아 있는 번호들을 지우거나 남기는 과정을 다시 반복하며 번호가 마지막 하나만 남을 때까지 계속합니다.

6. 이렇게 하면 카드를 직접 사용하지 않고도 공식과 같은 결과를 확인할 수 있지요. 또한 마지막에 남는 카드 번호가 왜 항상 짝수인지, 공식에는 왜 2라는 계수가 들어 있는지도 쉽게 이해할 수 있을 것입니다.

세 번째 단계로, 카드 장수가 정확히 2의 거듭제곱에 해당하는 경우를 통해 생각해봅시다. 이때 마지막까지 남는 카드는 항상 제일 밑에 있던 카드입니다. (앞에서 예로 든 32장의 경우를 생각해보세요.)

1. 카드를 버리거나 밑으로 옮기면서 첫 바퀴를 돌고 나면

• 자연히 짝수 자리에 있던 카드만 남게 됩니다.

• 장수는 처음의 절반(2로 나눈 값)이 되므로 2의 거듭제곱에 해당합니다.

• 제일 밑에 있던 카드는 짝수 자리에 있었기 때문에 살아남겠지요?

2. 두 번째 바퀴에서는

• 2번 카드가 버려지고 4번 카드가 남게 됩니다. 따라서 이번에는 4의 배수 자리에 있던 카드가 남게 되고, 이 역시 2의 거듭제곱에 해당합니다.

• 카드 장수가 4로 나누어떨어지기 때문에 제일 밑에 있던 카드는 역시 살아남았습니다.

3. 아직 카드가 남아 세 번째 바퀴까지 간다면

• 4번 카드가 버려지고 8번 카드가 남게 됩니다. 8의 배수가 남는 것이죠.

4. 이런 과정을 반복하면

• 2의 거듭제곱 번호만 남게 됩니다.

• 카드 장수는 가능한 범위 내에서 가장 큰 2의 거듭제곱과 같아집니다.

• 따라서 다음과 같은 공식이 만들어지게 되지요.

$$2(x-2^n) = 2(2^{n+1}-2^n) = 2(2^n)(2-1) = 2(2^n) = 2^{n+1} = x$$

네 번째로는 카드 장수가 2의 거듭제곱보다 1만큼 큰 경우를 생각해봅시다.

1. 첫 바퀴를 돌고 나면

• 짝수 번호의 카드만 남게 됩니다.

• 하지만 홀수에 해당하는 마지막 카드가 버려졌기 때문에 두 번째 바

퀴를 시작할 때 남아 있는 것은 2번과 2의 배수 자리에 있던 카드들입니다.

• 남은 카드의 장수는 2의 거듭제곱에 해당하겠죠?

2. 계속해서 첫 번째 카드는 남기고 마지막 카드는 버리게 되므로 그다음 바퀴에서도 살아남는 것은 2번 카드입니다.

3. 이런 식으로 진행해보면 끝까지 남는 카드는 2번입니다.

4. 따라서 수식으로 표현하면 다음과 같습니다.

$$2(x - 2^n) = 2(1 + 2^n - 2^n) = 2 \times 1 = 2$$

다섯 번째로는 카드 장수가 2의 거듭제곱보다 2만큼 큰 경우를 생각할 수 있고, 여섯 번째로는 카드 장수가 2^n보다 p만큼 크고 p$\langle 2^n$일 때를 생각할 수 있습니다.

1. 제일 위의 카드를 버리고 그다음 카드를 밑으로 옮기며 첫 바퀴를 돌고 나면 제일 아래쪽에 오는 카드는 처음에 2p번째 있던 카드입니다.

2. 따라서 마지막까지 남는 것도 2p번째 카드이고

3. 수식으로 표현하면 역시 $2(x - 2^n)$가 됩니다.

이번 장에서는 이 특성을 이용한 아주 멋진 마술을 소개하려 합니다. 세계적인 카드 전문가이자 아홉 권에 달하는 카드 마술 전집(《Magix》스트라스부르그, 스펙타클 출판사)의 저자인 리샤르 볼메르가 고안한 작품이지요. 이 책의 서문에서도 소개했던 바로 그 마술이에요. 세련된 쇼맨십, 능수능란한 말재간도 중요하지만 어느새 진부해진 트럼프 카드 외에 색다른 도구를 곁들이거나 아예 카드 없이 하는 마술을 개발하는 것이 좋습니다. 조수와 호흡을 맞추는 것도 방법이지요.

창의력은 자신감을 먹고 자란다는 것을 기억하세요.

그럼 이쯤에서 무대 매너와 참신한 도구를 이용한 재미난 마술을 하나 소개합니다.

다이어리 마술

이럴 수가!

관객이 여러 단계에 걸쳐 날짜를 선택하면 마술사는 테이블 위 다이어리를 펼쳐 그 날짜를 알아맞힙니다.

마술쇼는 이렇게

❶ 한쪽 면에는 1~8 중 숫자 하나가 적혀 있고 다른 면에는 9~16 중 숫자 하나가 적힌 카드 여덟 장을 한 패로 쌓아 준비합니다.

❷ 왼쪽에 한 장, 오른쪽에 한 장, 카드가 모두 없어질 때까지 번갈아 내려놓는 방식으로 두 패로 나누세요.

❸ 관객이 둘 중 한 패를 고르고 나면 나머지 한 패는 치웁니다.

❹ 마술사는 다시 카드를 두 패로 나누고 관객이 한 패를 고른 후 남은 한 패를 치웁니다.

❺ 이 작업을 한 번 더 반복하면 카드가 두 장만 남게 되지요.

❻ 두 카드에 보이는 숫자를 확인하고 더합니다. 이 값이 바로 '월'에 해당한다고 관객에게 알려주세요.

❼ 이제 관객은 두 카드 중 한 장만 뒤집어서 두 카드에 나타난 숫자를 더합니다. 이 값이 바로 '일'에 해당합니다. 이제 날짜가 완성되었습니다. 예를 들어 9월 17일이라고 해두죠.

❽ 관객에게 다이어리를 펴서 해당 날짜를 찾아보라고 하세요. 하지만 예상과 달리 그곳에는 아무 표시도 없을 것입니다.

❾ 그럼 여러분은 살짝 당황한 기색을 보이면서 그날의 탄생화가 어떤 꽃인지 아느냐고 물어봅니다. 9월 17일의 탄생화는 '에리카'네요.

❿ 그렇다면 다이어리 앞면에서 뭔가 특별한 것을 보지 못했느냐고 물어보세요.

⓫ 그곳에는 잡지에서 오려둔 '에리카' 꽃 사진이 붙어 있을 것입니다.

미리 준비하기

필요한 준비물은 다음과 같습니다.

• 앞면과 뒷면에 다음 숫자가 적힌 카드나 종이 여덟 장: 1&9, 2&10, 3&11, 4&12, 5&13, 6&14, 7&15, 8&16.

• 연간 다이어리. 물론 앞면에 에리카 사진도 붙여둬야겠지요?

트릭 파헤치기

1. 마술을 시작하며 1~8번 카드를 관객에게 보여줄 때 다음과 같은 순서로 카드를 정렬해야 합니다.

•1번 위에 2번, 2번 위에 3번, 3번 위에 4번 카드를 놓습니다.

• 다음 카드 네 장은 위에서부터 5, 6, 7, 8 순으로 준비합니다.

• 처음 네 장을 아래에 두고 그 위에 다음 네 장을 쌓으세요(밑에서부터 1-2-3-4-8-7-6-5). 순서가 뒤집히지 않게 주의해야 합니다.

2. 이제 마술이 시작되었습니다. 카드를 두 패로 나누면 한 쪽에는 위에서부터 아래로 2, 4, 7, 5가, 다른 패에는 1, 3, 8, 6이 옵니다. 둘 중 어느 쪽을 골라도 상관없지만 첫 번째 패를 선택했다고 가정합시다.

3. 다시 둘로 나누면 한 쪽에는 7과 2, 다른 쪽에는 5와 4가 오겠지요? 어느 쪽을 고르더라도 합은 7+2=9 또는 5+4=9이므로 '9월'이 결정됩니다.

4. 이제 한 장을 뒤집을 차례입니다. 사실 어떤 카드를 뒤집더라도 두 수의 합은 17로 정해져있습니다.

• 7을 뒤집으면 15가 보이고 15+2=17이 됩니다.

• 2를 뒤집으면 10이 보이고 10+7=17이 됩니다.

→ 카드는 항상 9월 17일이 나오도록 정리되어 있었던 것이죠.

감쪽같은 트릭이죠? 하지만 다이어리 속 9월 17일의 탄생화가 에리카가 맞는지 미리 확인해두어야 합니다. 실수하면 안 되니까요!

창의력 살리고
개성 넘치고

카드 속에 숨겨진 비밀을 찾아내는 재미를 느끼고 계신가요?
복잡해 보이는 카드 마술로 단번에 상대방의 생각을 맞히고, 생년월일을 맞히고,
또 카드와 시간을 결합해서 마술을 펼쳐 보일수도 있답니다.
이번 장에서는 창의력을 살리고 개성 넘치는 카드 마술을 만나볼까요?

마술
65

자정의 비밀

이럴 수가!

자정은 꼭 뭔가가 일어날 것만 같은 시간이지요. 마술사에게는 비밀을
밝히는 시간이기도 합니다. 하루해가 완전히 저문 후 방안에 울려 퍼
지는 괘종 소리를 상상하며 숨겨진 카드를 찾아내봅시다.

마술쇼는 이렇게

❶ 온종일 시간 가는 줄 모르고 함께 놀던 친구들에게 임의로 고른 카드 32장을 내밀어 보세요.

❷ 그중 한 명에게 시계 종소리를 의미하는 1~12 중에 하나를 마음속으로 고르게 합니다.

❸ 친구는 그 숫자만큼 카드를 덜어 주머니에 넣습니다.

❹ 친구는 덜어내고 남은 카드를 위에서부터 자기가 고른 숫자만큼 세어서 그 위치에 있는 카드를 혼자서만 확인하고 제자리에 돌려놓습니다. **예:** 카드를 다섯 장 덜어냈다면 남은 카드 중 위에서부터 다섯 번째를 확인하면 됩니다.

❺ 확인을 마쳤으면 마술사가 카드 패를 가져갑니다.

❻ 이제 1시부터 차례로 시간을 셀 거예요.

- '한 시'는 두 글자니까 위쪽 카드를 두 장 떼어 제일 밑으로 옮깁니다.
- '두 시'도 두 글자니까 두 장을,
- '세 시'도 두 글자니까 두 장을,
- 같은 방식으로 계속 카드를 옮겨서
- '열한 시'는 세 글자니까 세 장을,
- 마지막 '자정'(**주의사항:** '열두 시'는 안 돼요!)은 두 글자니까 두 장을 옮깁니다.

❼ 이제 친구가 다음 카드를 뒤집어보면…… 놀랍게도 처음에 고른 카드가 나옵니다!

비밀이 궁금하다고요? 마술사는 때론 짓궂기 그지없지요. 특히 하루해가 저물 무렵엔 말이에요.

충분히 고민해본 후 풀이를 확인하세요!

→ 해답은 271쪽에.

생일은 몇 월?

이럴 수가!

마술사는 친구가 고른 카드는 물론, 친구가 몇 월에 태어났는지도 알아맞힙니다.

마술쇼는 이렇게

❶ 테이블에 카드 열두 장이 뒤집혀 있습니다. 이 열두 장은 일 년 열두 달을 의미한다고 친구에게 알려주세요.

❷ 열두 장을 잘 섞어달라고 부탁합니다.

❸ 제일 위쪽 카드는 1월, 그다음 카드는 2월, 이런 식으로 대응시켜 나가면 제일 아래쪽의 마지막 카드는 12월을 의미하게 됩니다. 친구에게도 설명해주세요.

❹ 친구는 자기가 태어난 달에 해당하는 카드를 확인한 후, 카드 순서가 바뀌지 않도록 주의하며 열두 장을 다시 테이블에 내려놓습니다. 친구가 집중한 사이 여러분은 나머지 카드 40장 중에 제일 위쪽 카드

(A)와 제일 아래쪽 카드(B)를 몰래 봐두세요.

❺ 그리고 친구에게 여러분이 가진 카드를 두 패로 나눠달라고 부탁합니다.

❻ 그렇게 나눈 위쪽 '절반' 위에 친구가 가진 카드 열두 장을 쌓고, 그 위에 다시 아래쪽 '절반'을 쌓습니다.

• 이제 친구가 본 카드가 어디 있는지는 도저히 알 수 없게 되었다고 얘기하는 것도 잊지 마세요.

• 물론 여러분은 몰래 봐둔 A와 B 사이에 열두 장이 샌드위치처럼 끼여 있고 그중 한 장이 친구가 확인한 카드라는 사실을 기억해야 합니다.

❼ 이제부터는 친구 혼자 수행할 작업이기 때문에 여러분은 잠시 뒤돌아서 있겠다고 얘기하세요.

❽ 친구는 자기 카드가 어디에 있는지 (카드 순서는 건드리지 말고) 확인합니다.

❾ 그리고 위에서부터 자기 카드까지 패를 뗀 후 그대로 밑으로 옮겨서 자신이 고른 카드가 52장 중 제일 아래쪽에 오게 만듭니다.

❿ 여러분은 친구에게 제일 아래쪽 카드가 보이지 않도록 카드 패를 테이블에 내려놓아달라고 부탁하세요.

⓫ 이제 앞으로 돌아섭니다. 그리고 위쪽에서부터 차례대로 한 장씩 카드를 뽑아 총 열두 장을 모읍니다. 일 년은 열두 달이니까요.

⓬ 남은 카드 패를 그 위에 올려달라고 부탁하세요. 그래야 제일 밑에 있는 친구 카드를 숨길 수 있다면서 말이지요.

⓭ 다시 카드를 떼어 밑으로 옮기게 합니다. 원한다면 한 번 더 카드를

떼어 옮기기를 반복해도 좋습니다. 친구의 카드는 완전히 묻혀버렸군요.

⓮ 이제 여러분은 앞면이 위를 향하도록 카드 패를 쥐고 A와 B카드를 찾으세요. 그리고 그 사이에 카드가 몇 장 들어 있는지 마음속으로 세어둡니다. 그 장수를 n이라고 합시다. n은 분명 홀수일 것입니다.

⓯ A와 B의 한가운데 있는 카드를 찾아 그 뒤에 검지를 끼웁니다.

⓰ 그 상태에서 카드 패 앞면이 아래를 향하도록 테이블에 내려놓으며 작은 부채꼴 모양으로 펼치세요. 이때, 검지를 끼운 가운데 카드에 확실하게 눈도장을 찍어두어야 합니다. (너무 티 나게 행동하면 의심받을 수 있으니 조심하세요).

⓱ 이쯤에서 친구가 몇 월생인지 슬슬 감이 온다며 능청을 좀 부려도 좋습니다. 정답은 (n+1)을 반으로 나누면 금세 나오니까요. 친구에게 맞는지 확인해보세요. **예:** A와 B 사이에 카드가 아홉 장 들어 있다면 $[(9+1) \div 2 = 5]$이므로 다섯 번째 키드가 가운데 카드입니다. 따라서 친구는 5월생이지요!

⓲ 아직 끝이 아닙니다. 테이블에 부채꼴로 뒤집어놓은 카드 패로 돌아와서 무심한 듯 몇 장을 만지작거리세요. 물론 눈도장 찍어둔 카드를 놓치지 않도록 조심해야합니다.

⓳ 그리고 친구에게 처음에 골랐던 카드가 무엇이었는지 물어보세요. 점찍어둔 그 카드를 뒤집으면 바로 친구의 카드가 나올 것입니다!

트릭 파헤치기

1. 열두 달을 의미하는 1~12 중에 생일이 있는 달을 x라고 놓고 여러분이 봐둔 카드 두 장은 각각 A, B라고 합시다.

둘 사이에는 위(왼쪽)에서 아래(오른쪽)까지 샌드위치처럼 끼인 카드들이 있습니다.

A	12장 중 (x−1)장	친구 카드	12장 중 (12−x)장	B

2. 패를 떼어 친구가 고른 카드가 제일 밑으로 가게 만들면 배열은 다음과 같이 바뀝니다.

12장 중 (12−x)장	B	나머지 카드들	A	12장 중 (x−1)장	친구 카드

3. 그다음, 위쪽 카드 열두 장의 순서를 뒤집어 제일 밑으로 가게 만들었으므로 배열은 다음과 같아집니다.

나머지 카드들	A	12장 중 (x−1)장	친구 카드	일반 카드 (x−1)장	B	12장 중 (12−x)장

4. 친구 카드가 A와 B 사이 정중앙에 온 것이 보이지요? 이때 A와 B 사이 카드 장수는 다음과 같습니다.

$(x-1)+1+(x-1)=2x-1$

5. $(2x-1)$은 곧 n에 해당합니다. 여기에 1을 더하면 2x 값이 나오고, 그 값을 반으로 나누면 x, 즉 생일이 있는 달이 되지요. 이해되셨나요?

쌍둥이 카드

♥6과 ◆6, 또는 ♠7과 ♣7. 이런 관계의 카드를 우리는 쌍둥이라고 부릅니다. 숫자도 같고 색깔(빨강/검정)도 같으니까요.

미리 준비하기

1. 카드 한 벌(52장)을 준비하고 그중 쌍둥이 카드 두 장을 미리 빼둡니다.

예: ♥6과 ◆6

2. 남은 카드 50장을 반으로 나누되, 한쪽에는 스페이드 열세 장과 하트 열두 장, 다른 쪽에는 클로버 열세 장과 다이아몬드 열두 장이 오게 하세요. 25장씩 두 패가 만들어질 거예요.

3. 카드 순서는 아무 상관없습니다. 다만 두 패가 같은 순서로 정렬되게끔 맞춰주세요.

예: 첫 번째 패가 ♠6, ♥7, ♥2, ♠10 순이라면 두 번째 패도 ♣6, ◆7, ◆2, ♣10 순으로 맞춰주세요.

4. 이제 둘 중 아무 쪽이나 하나를 골라, 그 위에 나머지 한 패를 쌓고 뒤집어두세요. 준비는 끝났습니다.

이럴 수가!

관객이 가진 패와 마술사가 가진 패에서 예상치 못한 방식으로 쌍둥이 카드들이 나옵니다.

마술쇼는 이렇게

❶ 미리 준비해둔 패를 상대에게 내밀며 카드를 원하는 만큼 떼어 밑으로 옮겨달라고 부탁합니다.

❷ 그리고 앞면이 아래를 향하도록 뒤집은 상태에서 한 장은 오른편에, 한 장은 왼편에 번갈아 내려놓는 방식으로 두 패로 나누어달라고 하세요. 이때 여러분은 첫 번째 카드가 어느 패에 들어가는지 잘 봐두어야 합니다.

❸ 상대가 먼저 두 패 중 하나를 고릅니다.

❹ 여러분이 카드 패를 가져올 차례입니다.

• 상대가 첫 번째 카드가 들어간 패를 가져갔다면? 여러분은 두 번째

패 앞면이 아래로 향하도록 뒤집힌 그대로 여러분 앞에 가져옵니다. 그리고 마음속으로 위에서부터 열세 장을 재빨리 세어 카드 패 제일 밑으로 옮기세요.

- 상대가 마지막 카드가 들어간 패를 가져갔다면? 여러분은 첫 번째 패를 가져옵니다. 이때는 위에서부터 열두 장을 밑으로 옮깁니다.

5. 이제 두 패에는 쌍둥이 카드가 나란히 쌓여 있을 것입니다. 말도 안된다고요? 직접 카드를 펼쳐 확인해보세요!

트릭 파헤치기

1. 직접 카드를 옮겨 확인해보았다면 이번에는 연필을 들고 머리를 좀 굴려볼까요? 25장씩 들어 있는 두 카드 패의 처음 상태를 각각 A와 B라고 합시다.

위쪽
1A
2A
3A
...
25A
1B
2B
...
25B
아래쪽

2. 두 패로 나누면 다음과 같이 될 것입니다.

카드 패 1번(위쪽)	카드 패 2번(위쪽)	카드 번호(위에서부터)
24B	25B	1
…	…	…
4B	5B	11
2B	3B	12
25A	1B	13
23A	24A	14
…	…	…
3A	4A	24
1A	2A	25

3. 여러분이 2번 카드 패를 갖게 되었다면

• 위에서부터 열세 장을 밑으로 옮겨야 하므로 제일 위에는 24A 카드가 오게 됩니다.

• 이때 1번 카드 패의 첫 장이 24B이므로 두 패는 쌍둥이가 되지요.

4. 여러분이 1번 카드 패를 갖게 되었다면

• 위에서부터 열두 장을 밑으로 옮겨야 하므로 제일 위에는 25A 카드가 오게 됩니다.

• 이때 2번 카드 패의 첫 장이 25B이므로 역시 두 패는 쌍둥이가 됩니다.

아직 두 패로 나누기 전이라면 카드를 떼어 밑으로 옮기더라도 아무 상관없답니다. 정말 그런지 여러분이 직접 확인해보세요.

재미 더하기

마술을 재치 있게 풀어나갈 방법은 무궁무진합니다.

상대와 마주 앉아서 여러분이 가진 패를 여러분 앞에 부채꼴로 펼치세요.

첫 번째 방법

1. 상대에게 26보다 작은 수를 하나 고르게 합니다.

2. 여러분 패에서 위로부터 그 숫자만큼 세었을 때 나오는 카드를 재빨리 확인하세요.

3. 그 카드의 쌍둥이 카드 이름을 대면서

4. 상대가 가진 패에서 방금 말한 숫자만큼 장수를 세면 그 카드가 나올 테니 직접 뒤집어보라고 하는 거죠!

두 번째 방법

1. 상대에게 자기 패를 원하는 만큼 떼게 합니다.

2. 떼어낸 카드 뭉치의 제일 아랫면이 여러분 쪽을 향하도록 패를 들어 보여달라고 하세요.

3. 여러분은 여러분 패에서 방금 본 카드의 쌍둥이를 찾아 위에서 몇 번째 자리에 있는지 확인하세요.

4. 그럼 상대가 떼어낸 카드 뭉치가 몇 장인지 맞힐 수 있습니다!

세 번째 방법

1. 앞서 여러분이 가진 패에서 12~13장을 떼지 않고 그대로 두는 방법도 있습니다. 대신, 상대에게 26 미만의 수(n)를 하나 고르게 하세요.

2. 상대가 1번 패를 가져갔다면 상대가 고른 숫자에 13을 더합니다. 그리고 상대의 n번째 카드가 여러분의 $n+13$번째 카드와 쌍둥이라고 얘기하는 거죠.

3. 만약 상대가 2번 패를 가져갔다면 상대가 고른 숫자에 12를 더합니다. 마찬가지로 상대의 n번째 카드가 여러분의 $n+12$번째 카드와 쌍둥이라고 하면 되지요.

4. 이 놀라운 우연(?)을 관객이 직접 확인해보게 하세요. $n+12$나 $n+13$이 25를 넘어갈 때는 그 값에서 25를 빼면 됩니다.

네 번째 방법

1. 마술을 선보인 후 카드 순서만 바뀌지 않았다면 첫 번째와 두 번째 방법을 여러 차례 반복해도 괜찮습니다.

2. 반면 세 번째 방법을 사용한 경우에는 여러분이 가진 카드를 12~13장 떼어 쌍둥이 카드 위치가 완전히 맞아떨어지게 만드세요.

3. 그리고 카드 첫 장을 두드리며 주문을 외웁니다. "수리수리 마하수리!"

4. 이제 두 카드 패 순서가 완전히 같아졌다고 얘기하면 됩니다. 쌍둥이 25쌍을 차례로 펼쳐 보이면서 말이지요!

마지막에는 미리 빼둔 쌍둥이 카드 두 장을 다시 합쳐야 52장짜리 한 벌이 된다는 것을 잊지 마세요.

카드 두 벌을
한 번에

52장짜리 카드 두 벌을 동시에 이용하면
색다른 재미를 줄 수 있습니다. 준비되었나요?
두 가지 마술이 여러분을 기다리고 있습니다.

마술
68

카드 섞기

이럴 수가!

관객이 고른 카드와 마술사가 고른 카드가 우연히도 맞아떨어집니다.

마술쇼는 이렇게

❶ 리플 셔플(패 교차 섞기)을 할 줄 아는 관객의 도움이 필요합니다.
우선, 뒷면이 파란색인 카드 한 벌과 빨간색인 카드 한 벌을 준비해서
관객 앞에 펼쳐 보이세요. 두 벌이 서로 다른 순서로 아무렇게나 배열

되어 있다는 것만 확인시켜주면 됩니다.

❷ 확인을 마친 관객은 리플 셔플로 두 벌을 합쳐서 104장짜리 두꺼운 카드 뭉치를 만듭니다.

❸ 그다음 위에서부터 52장을 떼어 첫 번째 패를 만들게 하세요. 남은 52장이 두 번째 패가 됩니다.

❹ 파란 뒷면과 빨간 뒷면이 골고루 섞인 것을 확인했다면 관객이 먼저 둘 중 한 패를 가져갑니다. 남은 패는 마술사가 가져갑니다.

❺ 마술사는 관객에게 빨간 카드와 파란 카드 중 무엇을 고를 생각인지 미리 물어봅니다.

❻ 그리고 카드 패 앞면이 관객에게도 자신에게도 보이지 않도록 왼손 바닥에 밑면을 바짝 붙여 쥐고

❼ 순서가 바뀌지 않도록 왼손 엄지로 카드를 한 장씩 밀어 오른손으로 옮깁니다. 관객은 그중 마음에 드는 카드를 천천히(너무 급하지 않게) 한 장 고릅니다.

❽ 관객은 카드 앞면을 확인하지 않고 그대로 주머니에 넣습니다. 마술사는 남은 카드를 모두 왼손에서 오른손으로 옮깁니다.

❾ 이제 관객 차례입니다. 관객은 자기 패의 카드를 앞면이 아래로 향하도록 한 장씩 테이블에 내려놓습니다.

❿ 잠시 후 마술사는 '그만'을 외치고 마지막에 내려놓은 카드를 뒤집습니다. 관객이 주머니에 넣었던 카드를 꺼내 확인하면 똑같은 카드가 나올 것입니다!

어떻게 이런 기적 같은 일이?

카드를 바꿔치기한 적도 없고 뒷면에 이름이나 무늬가 적힌 것도 아닌데 어찌 된 영문일까요?

→ 해답은 273쪽에.

간단한 텔레파시

이럴 수가!

마술사가 미리 스티커를 붙여둔 카드가 관객이 고른 카드와 일치합니다.

미리 준비하기

1. 뒷면이 파란색인 카드 한 벌(52장)과 빨간색인 카드 한 벌(52장)을 준비하세요.

2. 그중 ◆2와 ♠Q을 모두 골라냅니다.

3. 빨간 카드 묶음을 앞면이 아래를 향하도록 테이블에 뒤집어두고

4. 그 위에 ♠Q를, 또 그 위에 ◆2을 올립니다. (그럼 카드 패 윗면에는 ◆2의 뒷면이 보이겠지요?)

5. 파란 카드 묶음에서는 ♠Q와 ◆2를 같은 순서로 쌓아 패의 가운데에 꽂으세요.

• ◆2 뒷면 왼쪽 상단과 오른쪽 하단 귀퉁이에는 노란 스티커를 하나

씩,

- ♠Q 앞면(뒷면 아님) 왼쪽 상단과 오른쪽 하단 귀퉁이에는 초록 스티커를 하나씩 미리 붙여둡니다.

6. 파란 카드 묶음은 다시 케이스에 넣어 테이블에 올려놓습니다.

7. 준비가 끝났다면 이 특별한 마술을 보여줄 관객을 초대해볼까요?

마술쇼는 이렇게

❶ 빨간 카드 묶음을 꺼내세요.

❷ 신경 써서 준비한 제일 위쪽 두 장은 그대로 둔 채 나머지 카드만 그럴듯하게 섞어줍니다.

❸ 관객에게 패를 넘깁니다.

- 카드 앞면이 아래를 향하도록 한 장씩 테이블에 내려놓다가

- 중간부터는 위아래로 번갈아가며 카드를 뭉텅뭉텅 떼어 내려놓게 하세요. → 이렇게 하면 특별히 준비한 카드 두 장을 무사히 밑으로 옮길 수 있습니다. 관객도 카드가 잘 섞였다고 믿게 되지요.

❹ 이어서 관객에게 오른쪽에 한 장, 왼쪽에 한 장, 번갈아가며 카드를 내려놓는 방식으로 패를 둘로 나눠달라고 하세요. 이번에는 꼭 한 장씩만 내려놓아야 합니다.

❺ 패를 둘로 나누고 나면 처음에 준비했던 카드 두 장이 각 패의 제일 위쪽에 오게 됩니다. 둘 중 마지막에 내려놓은 카드가 ◆2라는 것을 기억하세요.

❻ 관객에게 두 패 중 하나를 골라 제일 위쪽 카드를 확인하게 합니다. 그 카드가 무엇인지는 말하지 않아도 알 수 있겠죠?

❼ 이제 파란 카드 묶음을 꺼냅니다.

• 관객이 고른 카드가 ◆2라면 파란 카드 뒷면이 위를 향하도록 놓고 한 줄로 길게 펼치세요. 뒷면에 스티커가 붙은 카드는 단 한 장뿐입니다. 그 카드를 뒤집으면? 바로 ◆2가 나옵니다.

• 관객이 고른 카드가 ♠Q라면 파란 카드 앞면이 위를 향하도록 놓고 한 줄로 길게 펼치세요. 앞면에 스티커가 붙은 카드는 ♠Q뿐입니다!

참고하기! 스티커를 양쪽 모퉁이에 붙인 것은 카드를 쉽게 찾기 위해서입니다. 카드를 왼쪽에서 오른쪽으로 펼치는 사람도 있고 오른쪽에서 왼쪽으로 펼치는 사람도 있으니까요. 스티커 색깔은 카드 앞면이나 뒷면에 붙였을 때 눈에 잘 띄는 색으로 고르면 됩니다. (파란 뒷면에 파란 스티커를 붙이거나 다이아몬드 앞면에 빨간 스티커를 붙이면 곤란하겠죠?)

Chapter 18

눈 뜨고
코 베이는 트릭

카드 마술은 대개 미리 준비해둘 트릭이 있다는 것을 여러분도 터득했을
것입니다. 하지만 그렇다고 해도 마술을 보여줄 때마다 패를 바꾼다거나,
용도 별로 정리해둔 카드를 꺼내자고 매번 가방을 뒤질 수는 없는 노릇이지요.
마술을 하나 선보이고 나면 관객을 앞에 둔 채 다음 마술로 넘어가야 할 때가
대부분이니까요. 그렇기 때문에 준비가 필요한 마술과 준비가 필요 없는 즉흥
마술을 번갈아 보여주는 노하우가 필요합니다. 특정 카드 몇 장을 골라 진행하는
즉흥 마술이라면 더욱 요긴하지요. 누가 뭐래도 카드 패를 쭉 훑어볼 핑계가
생기고, 다음 마술에 쓸 카드를 미리 모아두는 기회도 될 테니까요.

매끄럽게 이어지는 연속 마술

이럴 수가!

카드 이름을 부르면 숨은 카드가 나타나는 마술과 네 명 이상의 관객
이 모두 하나의 카드를 고르게 하는 마술을 연속으로 보여줍니다. 놀

라움의 파노라마를 보장합니다.

마술쇼는 이렇게

❶ 이번에는 〈쌍둥이 카드 마술〉(67번 마술)을 응용해볼까요? 여러분도 알다시피 이 마술을 하기 위해서는 위쪽 25장과 아래쪽 25장이 쌍둥이처럼 배열된 카드 50장이 필요합니다. 52장의 카드 중에서 ♥6와 ◆6을 뽑아 주머니에 넣어두세요.

❷ 준비된 카드 패를 첫 번째 관객에게 넘겨줍니다.

❸ 왼쪽에 한 장, 오른쪽에 한 장, 번갈아 내려놓는 방식으로 카드를 두 패로 나누게 하세요.

❹ 관객이 둘 중 한 패를 고르면 나머지 한 패는 여러분이 가져옵니다.

❺ 그리고 26 미만의 숫자를 하나 골라달라고 하세요. 관객이 고민하는 사이 우리도 해야 할 일이 있습니다.

• 관객이 첫 번째 패를 가져갔다면 열세 장을,

• 두 번째 패를 가져갔다면 열두 장을 여러분 패에서 떼어 위에서 밑으로 옮깁니다.

❻ 관객이 숫자 고르기를 마치면 여러분이 가진 패에서 그 숫자만큼 세어 내려온 자리에 있는 카드를 확인하세요.

❼ 그리고 그 카드의 쌍둥이 카드 이름을 부르며

❽ 관객도 자기가 가진 패에서 자기가 부른 숫자만큼 세어 내려온 자리에 있는 카드를 확인해보게 합니다. 아마 여러분의 능력을 인정하지 않을 수 없을 거예요.

❾ 관객에게 카드 순서를 처음 그대로 유지해달라고 부탁하고 여러분

이 가진 패도 원래 순서로 돌려놓습니다.

❿ 두 카드 패를 다시 테이블에 내려놓으세요. 두 번째 관객에게도 둘 중 한 패를 고르게 하고 남은 패는 여러분이 가져옵니다.

⓫ 이번에도 앞서 했던 것과 같은 방식으로 여러분 패에서 열두세 장을 떼어 밑으로 옮깁니다.

⓬ 관객에게 카드를 원하는 만큼 뗀 후 떼어낸 위쪽 뭉치의 밑면을 들어 여러분에게 보여달라고 하세요.

⓭ 그 카드의 쌍둥이 카드를 여러분 패에서 확인합니다. 그리고 앞면이 아래를 향하도록 패를 뒤집어 아무에게도 보이지 않게 하세요.

⓮ 그 쌍둥이 카드가 위에서부터 몇 번째 자리에 있는지 세어보세요. 이 숫자가 바로 관객이 뗀 카드의 장수입니다. 숫자를 말해주며 관객에게 확인해보게 합니다.

⓯ 두 카드 패를 다시 처음처럼 정리해서 테이블로 가져옵니다. (여러분이 가진 패만 원래대로 정리하면 되겠죠?)

⓰ 세 번째 관객에게 두 패 중 하나를 고르게 하고

⓱ 26보다 작은 수(n)를 하나 생각하게 하세요.

⓲ 관객이 가진 패의 n번째 카드가 여러분이 가진 패의 n+12번째 카드(관객이 두 번째 패를 가져간 경우), 또는 n+13번째 카드(관객이 첫 번째 패를 가져간 경우)와 쌍둥이라고 얘기합니다.

• 쌍둥이 카드가 어떤 뜻인지도 설명해주세요.

• 만약 n+12나 n+13이 25를 넘어가면 그 값에서 25를 빼서 말하면 됩니다.

⓳ 과연 그런지 관객이 확인해보게 하세요.

❷⓿ 관객이 가진 패에서 카드 순서가 바뀌지 않게 조심하면서 여러분이 가진 패에서 열두세 장을 떼어 밑으로 옮기면 두 패는 완전히 일치하게 됩니다. 이렇게 만들어진 두 패를 모두 테이블에 뒤집어둡니다.

❷❶ 네 번째 관객의 차례군요. 두 패 중 하나를 고르게 하세요.

❷❷ 이제 두 패는 처음부터 끝까지 쌍둥이 카드끼리 나란히 정렬되어 있기 때문에 어느 쪽을 고르든지 똑같다고 설명합니다.

❷❸ 두 사람이 동시에 한 장씩 뒤집어가면서 놀라운 마술을 확인해보세요.

책 뒤편에는 준비가 필요한 마술과 즉흥 마술이 번호순으로 정리되어 있습니다. 목록을 참고해서 연속 마술을 적절하게 연출해보세요.

불변수를
찾아서

주어진 선을 기준으로 어떤 도형의 대칭을 그리려고 할 때 기준선(축) 위에 놓인
점의 대칭점은 바로 자기 자신이라는 사실을 여러분도 잘 알고 있을 것입니다.
변환을 해도 위치가 변하지 않는 이런 점들을 '고정점'이라고 부르지요. 회전을
하거나 점대칭 이동을 할 때는 고정점이 단 하나밖에 존재하지 않습니다. 바로
중심입니다. 그런데 기하학에서는 어떤 점을 다른 점으로 변환시키는 다양한
장치들을 쉽게 파악하기 위해서 고정점, 즉 움직이지 않는 점들이 존재하는지
확인하는 경우가 많습니다. 마술에서도 마찬가지예요. 뒤죽박죽 조작 과정
속에서도 변하지 않는 값을 찾아내면 복잡한 마술도 쉽게 이해할 수 있거든요.

카드 쌓기

이럴 수가!

네 친구가 서로 다른 네 숫자를 고른 후 카드 쌓기를 통해 그 값을 표
현하면 마술사는 네 수의 합을 알아맞힙니다.

마술쇼는 이렇게

❶ 카드 한 벌(52장)을 준비하세요.

❷ 친구들에게 카드를 쌓아 숫자를 표현하는 법을 알려줍니다.

예: 43을 표현할 때는 카드 네 장 쌓은 다음, 그 옆에 카드 세 장을 쌓으면 됩니다.

❸ 이제 여러분은 뒤돌아서고 네 친구는 숫자를 하나씩 고른 후 카드를 두 줄로 쌓아 값을 표현합니다.

- 첫 번째 친구는 10~19 중 하나,
- 두 번째 친구는 20~29 중 하나,
- 세 번째 친구는 30~39 중 하나,
- 네 번째 친구는 40~49 중 하나를 고릅니다.

❹ 작업을 마치면 여러분은 다시 앞으로 돌아서서 친구들에게 종이와 펜을 건네주세요. 사용하고 남은 카드는 수거합니다.

❺ 그리고 다시 뒤돌아서서 친구들에게 각자 고른 숫자를 종이에 쓰고 모두 더하게 합니다.

❻ 그동안 여러분은 돌려받은 카드를 몰래 세어보세요. 그럼 굳이 앞을 돌아보지 않고도 친구들이 고른 네 수의 합을 알 수 있답니다.

트릭 파헤치기

1. 네 수를 종이에 써보면 각각 1a, 2b, 3c, 4d 형태로 표현되겠지요. 그렇다면 그 합은 다음과 같이 구할 수 있습니다.

$$10+a+20+b+30+c+40+d=100+(a+b+c+d)$$

2. 카드 쌓기에 사용한 카드의 장수는 다음과 같습니다.

$$1+a+2+b+3+c+4+d=10+(a+b+c+d)$$

3. 그렇다면 여러분이 돌려받은 카드 장수는 아래처럼 표현할 수 있고

$$52-(10+a+b+c+d)=42-(a+b+c+d)$$

4. 네 수의 합과 남은 카드 장수를 더하면 다음과 같습니다.

$$100+(a+b+c+d)+42-(a+b+c+d+)=142$$

5. 네, 바로 그거예요. 친구들이 어떤 수를 고르든지 142라는 값은 결코 변하지 않습니다! 이 불변 값을 이용해서 마술을 풀어나가면 됩니다.

6. 그럼 네 수의 합은 어떻게 구할 수 있을까요? 142-남은 카드 장수 이 정도는 암산으로도 가능하지요?

예: 친구들이 고른 숫자가 12, 23, 34, 45라면

• 그 합은 114입니다.

- 네 수를 표현하기 위해 사용한 카드는 모두 24장일 테고
- 여러분이 돌려받은 카드는 28장일 것입니다.
- 그럼 머릿속으로 142-28=114만 계산하면 금세 답이 나오지요!

· 세 카드의 합 ·

이럴 수가!

마술사는 뒤집힌 카드 세 장의 합을 이용해서 관객이 고른 카드가 어
디에 있는지 찾아냅니다.

미리 준비하기

마술사는 앞면이 아래를 향하도록 뒤집은 카드 패 위에 카드 열두 장
을 위에서부터 2, 3, 4, 4, 5, 6, 6, 7, 8, 8, 9, 10 순으로 쌓아 준비합니다.
무늬와 색은 상관없어요.

마술쇼는 이렇게

❶ 마술사는 미리 준비해둔 카드 한 벌(52장)을 가지고 나와서 그중
열두 장을 한 장씩 테이블에 내려놓으며 한 줄로 쌓습니다.

❷ 나머지 카드는 관객에게 섞어달라고 부탁하세요.

❸ 이제 마술사는 뒤돌아서고, 관객은 카드 패에서 대략 20~29장을 뽑

아 몇 장인지 속으로 세어봅니다.

❹ 그리고 카드 장수를 이루는 두 숫자의 합을 구한 후

❺ 카드를 아래쪽에서부터 그 합만큼 세어서 해당하는 자리에 있는 카드가 무엇인지 확인합니다. 예: 24장을 뽑았다면 2+4=6이므로 밑에서 여섯 번째 카드를 확인합니다.

❻ 관객이 뽑은 카드가 몇 장인지 마술사가 알 수 없도록 나머지 카드를 그 밑에 합칩니다.

❼ 이렇게 하면 관객이 확인한 카드는 위에서부터 열아홉 번째 자리에 오게 됩니다. 카드를 몇 장 뽑든지 19라는 값은 변하지 않지요. 물론 관객은 이 사실을 알 수 없습니다. 예: 관객이 25장을 뽑고 밑에서부터 일곱 번째 카드를 확인하더라도 이 카드를 위에서부터 세어보면 열아홉 번째 자리에 옵니다. 또는 26장을 뽑고 밑에서부터 여덟 번째 카드를 확인하더라도 위에서부터 세어보면 역시 열아홉 번째 카드입니다. 이것이 이 마술의 첫 번째 불변값입니다.

❽ 마술사는 다시 관객 쪽으로 돌아서서 조금 전 준비한 카드 열두 장을 왼쪽에서 오른쪽으로 한 장씩 돌리며 세 줄로 나눕니다. 세 줄을 각각 a, b, c라고 하면 a줄에 한 장, b줄에 한 장, c줄에 한 장, 다시 a줄에 한 장… 이런 방식으로 돌리면 됩니다.

❾ 그리고 관객에게 세 패 중 원하는 대로 하나를 골라 제일 위쪽 카드를 밑으로 옮기게 합니다.

❿ 이어서 또 다른 패를 하나 골라 이번에는 제일 위쪽 카드 두 장을 한 번에 집어 밑으로 옮기게 합니다.

⓫ 마지막 남은 패에서는 세 장을 한 번에 집어 밑으로 옮기게 합니다.

⓬ 이제 관객에게 각 패의 제일 위쪽 카드를 한 장씩 뒤집어서 합을 구하게 하세요. (합은 틀림없이 21이 나올 것입니다. 하지만 관객에게는 이 사실을 절대 얘기해선 안 됩니다.)

⓭ 이어서 세 패 중 하나를 골라 그 패에서 뒤집어놓은 제일 위쪽 카드를 제일 밑에 있는 카드와 맞바꾸게 합니다. 그리고 다시 합을 구하게 하세요. (이번에는 합이 19가 나올 것입니다. 하지만 역시 아무 얘기도 해선 안 됩니다.)

⓮ 마술사는 관객이 구한 합(19)만큼 카드를 테이블에 내려놓습니다. 한 장씩 내려놓다가 마지막 열아홉 번째 카드를 뒤집으면? 이 카드가 바로 조금 전 관객이 골랐던 카드입니다!

합이 항상 19인 이유

아래는 카드 패 세 개의 처음 상태와 지시에 따라 카드를 밑으로 옮겼을 때 발생할 수 있는 경우 중 하나를 그림으로 표현한 것입니다.

위쪽

4	3	2
6	5	4
8	7	6
10	9	8

6	7	8
8	9	2
10	3	4
4	5	6

아래쪽

1. 6+7+8은 21입니다.

2. 그중 한 패를 골라 위쪽 카드와 아래쪽 카드를 맞바꾸면 6+5+8=19

또는 4+7+8=19 또는 6+7+6=19가 나옵니다. 값은 항상 19이지요.

3. 카드를 처음에 세 줄로 쌓았을 때는 합이 4+3+2=9였습니다. 하지만 각 줄은 아래로 한 칸 내려갈 때마다 값이 2만큼 커지기 때문에

• 어느 줄이든 카드 한 장을 위에서 아래로 보내면 총합이 2만큼 커집니다.

• 두 장을 보내면 2×2=4만큼 커지고

• 세 장을 보내면 3×2=6만큼 커집니다.

• 모두 합하면 2+4+6=12이기 때문에 총합은 9+12=21이 됩니다.

4. 한 줄을 임의로 골라 위쪽 카드와 아래쪽 카드를 맞바꾸면 값은 2만큼 줄어듭니다. 어느 줄이든 맞바꾼 두 카드의 차가 2이기 때문이죠. 따라서 총합은 21에서 19로 바뀝니다. 이것이 이 마술의 두 번째 불변값입니다!

관객 열세 명

미리 생각하기, 미리 준비하기

카드를 섞는 척하면서 원래 순서를 유지하는 비법은 마술사들의 변함없는 관심사 중 하나입니다. 현란한 손놀림에 자신이 없다면 이번에 소개할 몇 가지 숫자놀이가 여러분에게도 요긴한 도움이 될 것입니다.

우선, 카드 여덟 장부터!

1. 흐름을 한눈에 파악할 수 있도록 같은 무늬 카드 1, 2, 3, 4, 5, 6, 7, 8번을 이용해봅시다. 가령, 스페이드 카드를 위에서부터 번호순으로 쌓아놓았다고 할까요?

2. 제일 위쪽 카드(1번)는 테이블에 내려놓고, 그다음 카드(2번)는 손에 쥔 카드 패 밑으로 옮기세요. 그다음 카드(3번)는 앞서 테이블에 내려놓은 카드 위에 쌓고, 그다음 카드(4번)는 손에 쥔 카드 패 밑으로 옮깁니다. 이런 방식으로 손에 있던 카드 여덟 장이 모두 테이블 위에 한 줄로 쌓일 때까지 반복합니다. 이 방법을 여기서는 '섞기'라고 부를 거예요.

3. 연속으로 '섞기'를 반복하면 신기하게도 카드 순서가 처음과 같아집니다. 아래 표를 참고하세요.

처음	1	2	3	4	5	6	7	8
1회 섞은 후	8	4	6	2	7	5	3	1
2회 섞은 후	1	2	5	4	3	7	6	8
3회 섞은 후	8	4	7	2	6	3	5	1
4회 섞은 후	1	2	3	4	5	6	7	8

네 번째 섞기를 마치니 다시 처음 상태로 돌아왔지요?

4. 카드별 움직임을 살펴보는 것도 흥미롭습니다.

• 1번과 8번은 자리를 맞바꿉니다. 2를 주기로 (1, 8) 순환이 일어난다고 할 수 있습니다.

• 2번과 4번도 자리를 맞바꿉니다. 2를 주기로 (2, 4) 순환이 일어난다고 할 수 있습니다.

• 3번은 주기가 4인 (3, 6, 5, 7) 순환이 끝나면 제자리로 돌아옵니다. 6번, 5번, 7번도 마찬가지입니다.

→ 네 번을 섞은 후 카드가 제자리로 돌아오는 현상은 순환 주기 2, 2, 4의 최소공배수와 관련 있음을 직관적으로 알 수 있습니다.

그렇다면 카드를 두 번 섞은 후 관객에게 첫 번째(또는 여덟 번째) 카드를 확인하게 하는 마술은 어떨까요? 그 자리의 카드만 미리 봐두면 마술은 성공입니다.

그다음, 카드 열 장으로!

1. 스페이드 카드 1~10번을 위에서부터 차례로 쌓으면 됩니다.

2. 연속해서 섞으며 원래대로 돌아가는 과정을 살펴보면 다음과 같습니다.

처음	1	2	3	4	5	6	7	8	9	10
1회 섞은 후	4	8	10	6	2	9	7	5	3	1
2회 섞은 후	6	5	1	9	8	3	7	2	10	4
3회 섞은 후	9	2	4	3	5	10	7	8	1	6
4회 섞은 후	3	8	6	10	2	1	7	5	4	9
5회 섞은 후	10	5	9	1	8	4	7	2	6	3
6회 섞은 후	1	2	3	4	5	6	7	8	9	10

• 주기가 3인 (2, 8, 5) 순환,

• 주기가 6인 (1, 4, 6, 9, 3, 10),

• 주기가 1인 (7)이 눈에 띕니다. 여기서 7은 카드를 아무리 섞어도 값이 변하지 않기 때문에 불변수라고 할 수 있습니다.

→ 따라서 마술사는 일곱 번째 카드만 미리 봐두면 관객이 아무리 카드를 많이 섞더라도 그 카드를 알아맞힐 수 있지요.

• 1, 3, 6의 최소공배수는 6이므로 카드 패가 원래대로 돌아오려면 여섯 번을 섞어야 합니다.

이제 여러분 차례!
카드를 여섯 장 사용할 경우 원래대로 돌아오려면 여섯 번을 섞어야 하고, 열두 장을 사용하면 열두 번을 섞어야 합니다. 과연 그런지 직접 확인해보세요. 두 경우 모두 불변수가 존재하지 않는다는 것도 확인해보세요.

→ 해답은 274쪽에.

끝으로, 카드 열세 장까지!

1. 스페이드 카드 1~10번과 J, Q, K를 모두 사용해봅시다. 연속해서 섞는 과정을 살펴볼까요?

처음	1	2	3	4	5	6	7	8	9	10	J	Q	K
1회 섞은 후	10	2	6	Q	8	4	K	J	9	7	5	3	1
2회 섞은 후	7	2	4	3	J	Q	1	5	9	K	8	6	10
3회 섞은 후	K	2	Q	6	5	3	10	8	9	1	J	4	7
4회 섞은 후	1	2	3	4	5	6	7	J	9	10	5	Q	K

2. 주기만 모두 확인되면 끝까지 해볼 필요는 없습니다.

- 주기가 1인 순환 두 개: (2), (9)

- 주기가 3인 순환 한 개: (5, 8, J)

- 주기가 4인 순환 두 개: (K, 1, 10, 7), (3, 6, 4, Q)

3. 주기에 해당하는 1, 1, 3, 4, 4의 최소공배수는 12이므로 카드 패는 열두 번을 섞으면 제자리로 돌아옵니다.

이제 관찰 결과를 마술에 활용해봅시다. 관객 열세 명을 단번에 사로 잡는 특별한 비법을 소개합니다!

이럴 수가!

마술사는 카드를 몇 차례 섞고 나서 관객 열세 명에게 카드를 한 장씩 고르게 합니다. 그리고 각자 고른 카드 열세 장을 모두 알아맞힙니다.

미리 준비하기

스페이드 카드를 모두 모아 여러분에게 익숙한 배열로 정리한 후 순서 를 외워둡니다. 예를 들어 위에서부터 6, 1, 8, K, 4, 2, 10, 7, Q, 5, 3, 9, J 순으로 정리했다고 합시다.

마술쇼는 이렇게

❶ 관객 열세 명을 둥근 대형으로 앉히고 각자에게 고유번호를 하나씩 부여합니다. 번호표를 한 장씩 나눠주는 것도 좋은 방법이겠네요.

❷ 1번 관객에게 준비해둔 카드 열세 장을 건네고 앞서 설명한 방식대

로 한 차례 섞어달라고 부탁합니다.

❸ 섞고 나면 위에서 두 번째 카드를 확인하게 합니다. 이때 카드를 완전히 뽑아 확인하거나 패를 흐트러뜨리지 않도록 주의하세요.

❹ 마술사는 그 카드가 무엇인지 알아맞힙니다. (여기서 두 번째 카드는 ♠A입니다.)

❺ 2번 관객에게는 아홉 번째 카드를 확인하게 하고 카드 이름을 알아맞힙니다. (여기서 아홉 번째 카드는 ♠5입니다.)

❻ 3번 관객에게는 한 번 더 카드를 섞어달라고 하세요. 그리고 속임수 방지 차원에서 한 번 더 섞어달라고 부탁합니다.

❼ 다 섞었다면 다섯 번째 카드를 확인하게 하고 카드 이름을 알아맞힙니다. (여기서 다섯 번째 카드는 세 번을 섞으면 제자리로 돌아오는 ♠4입니다.)

❽ 카드 패를 4번 관객에게 넘겨주고 여덟 번째 카드(♠7)를 확인하게 합니다.

❾ 5번 관객은 열한 번째 카드(♠3)를 확인합니다.

❿ 6번 관객에게는 한 차례 더 섞은 후(네 번째 섞기) 첫 번째 카드를 확인하게 합니다. (여기서 네 번째 카드는 네 번을 섞으면 제자리로 돌아오는 ♠6입니다.)

⓫ 7번 관객에게는 세 번째 카드(♠8)를,

⓬ 8번 관객에게는 네 번째 카드(♠K)를,

⓭ 9번째 관객에게는 여섯 번째 카드(♠2)를,

⓮ 10번 관객에게는 일곱 번째 카드(♠10)를,

⓯ 11번째 관객에게는 열 번째 카드(♠5)를,

❶❻ 12번 관객에게는 열두 번째 카드(♠9)를,

❶❼ 마지막 13번 관객에게는 열세 번째 카드(♠J)를 확인하게 합니다. 물론 관객들이 카드를 확인할 때마다 여러분은 이름을 알아맞히면 됩니다.

이 마술이 여러분 손에서 제대로 된 진가를 발휘하길 기대해봅니다! 앞서 소개한 것은 기본 원칙일 뿐 좀 더 멋들어지게 선보일 방법도 연구해보세요. 예를 들어볼까요?

1. 카드 섞기는 관객 한 명을 정해 그 사람이 전담하기로 합니다.

2. 2번 관객에게는 자기 번호와 같은 위치에 있는 카드를 확인하게 하고

3. 한두 차례 섞고 나서 9번 관객에게 아홉 번째 카드를 확인시키는 거예요.

4. 세 번째 섞고 나서 5번, 8번, 11번 관객에게 각각 다섯 번째, 여덟 번째, 열한 번째 카드를 확인하게 하고

5. 네 번째 섞고 나서는 아직 카드를 확인해보지 못한 관객이 있는지 물어봅니다. 1번 관객은 첫 번째 카드, 3번 관객은 세 번째 카드, 이런 방식으로 확인하게 하면 몇 번 관객이 빠졌는지 기억해야 하는 부담을 덜 수 있을 것입니다. 한마디로 정리하면 시작 전에 미리 스페이드 열세 장을 정리해두고 n번째 관객에게 n번째 카드를 확인시키는 방식입니다.

불변수가 열세 개라니! 이렇게 유용한 마술은 꼭 기억해둬야겠지요?

Chapter
20

카드 마술과
기수법이 만나면

수를 표현하기 위해 기호를 열 개씩이나 동원하는 경우도 있지만
(우리의 십진법 체계처럼 여기에 해당하지요) 사실은 두세 개만으로도 가능합니다.
두 개나 세 개씩 묶어 세는 방법을
똘똘하게 활용한 마술을 몇 가지 소개합니다.

마술
74

──── 이진법 카드 여섯 장 ────

0부터 9까지의 숫자 열 개 대신 0과 1이라는 숫자 단 두 개만으로도
수를 표현할 수 있답니다. 컴퓨터 공학자와 전자 공학자들이 애용하는
이진법이 바로 그런 방식이에요. (1일 때는 전기가 흐르고 0일 때는 흐
르지 않지요.) 물론 숫자 쓸 공간이 아주 넉넉해야 한다는 단점이 있긴
하지만요.

수	표현법				
1					1
2				1	0
3				1	1
4			1	0	0
5			1	0	1
6			1	1	0
7			1	1	1
8		1	0	0	0
9		1	0	0	1
10		1	0	1	0
11		1	0	1	1
12		1	1	0	0
13		1	1	0	1
14		1	1	1	0
15		1	1	1	1
16	1	0	0	0	0
17	1	0	0	0	1
18	1	0	0	1	0
19	1	0	0	1	1
20	1	0	1	0	0
21	1	0	1	0	1
22	1	0	1	1	0
23	1	0	1	1	1
24	1	1	0	0	0
25	1	1	0	0	1
26	1	1	0	1	0
27	1	1	0	1	1
28	1	1	1	0	0
29	1	1	1	0	1
30	1	1	1	1	0
31	1	1	1	1	1
자릿수	$2^4=16$	$2^3=8$	$2^2=4$	$2^1=2$	$2^0=1$

표에서 확인했듯이 우리가 흔히 17이라고 부르는 수를 이진법으로 표현하면 10001이 됩니다. $17=1\times16+0\times8+0\times4+0\times2+1$이기 때문입니다.

이처럼 각각의 수를 이진법으로 옮기면 고유한 형태로 표현되고 결코 다른 수와 중복되지 않아요.

그렇다면 이진법 수를 십진법으로 풀 때는 어떻게 해야 할까요? 자릿수에 따라 2의 거듭제곱 값을 구해 더해주면 됩니다.

- 제일 오른쪽 숫자는 0 또는 1을 그대로 쓰고
- 두 번째 숫자는 0 또는 1에 2를 곱한 값,
- 세 번째 숫자는 0 또는 1에 4를 곱한 값,
- 네 번째 숫자는 0 또는 1에 8을 곱한 값,

이렇게 풀면 $10111(2)$은 $1+1\times2+1\times4+0\times8+1\times16=23$이 됩니다.

이제 여러분 차례!
기수법 전환을 연습해서 숫자 32~63을 이진법으로 옮기고 앞에 나온 표와 같은 형태로 만들어봅시다.

이번에는 다음에 제시된 카드 여섯 장을 살펴볼까요? 큰 종이에 옮겨 그려 잘라서 사용해도 좋습니다.

이해하기 쉽도록 각 카드 첫 줄의 제일 왼쪽 숫자를 카드 번호로 부르기로 하지요.

- 따라서 각 카드 번호는 2의 거듭제곱과 같습니다.

• '카드1'에는 1부터 63까지의 숫자 중에서 이진법으로 표현했을 때 1로 끝나는 숫자들을 모두 모아두었습니다.

• '카드2'에는 1부터 63까지의 숫자 중에서 이진법으로 표현했을 때 끝에서 두 번째 자리가 1인 숫자들을 모두 모아두었습니다.

• '카드4'에는 1부터 63까지의 숫자 중에서 이진법으로 표현했을 때 끝에서 세 번째 자리가 1인 숫자들을 모두 모아두었습니다.

• '카드8'에는 1부터 63까지의 숫자 중에서 이진법으로 표현했을 때 끝에서 네 번째 자리가 1인 숫자들을 모두 모아두었습니다.

• '카드16'에는 1부터 63까지의 숫자 중에서 이진법으로 표현했을 때 끝에서 다섯 번째 자리가 1인 숫자들을 모두 모아두었습니다.

• '카드32'에는 1부터 63까지의 숫자 중에서 이진법으로 표현했을 때 끝에서 여섯 번째 자리가 1인 숫자들을 모두 모아두었습니다.

이제 본격적인 마술로 넘어갑시다.

이럴 수가!

마술사는 숫자 표 여섯 장을 친구에게 보여주면서 친구가 고른 숫자가 그 표에 있는지 물어봅니다. '네', '아니요'만 듣고도 마술사는 친구가 고른 숫자가 무엇인지 알아맞힙니다.

마술쇼는 이렇게

❶ 숫자 표가 그려진 앞면이 위쪽을 향하도록 놓고 위에서부터 '카드1', '카드2', '카드4', '카드8', '카드16', '카드32' 순으로 쌓으세요.

❷ 친구가 마음속으로 1~63 중 숫자 하나를 고릅니다. 그럼 여러분은

타고난 천재라서 친구가 무슨 숫자를 골랐는지 대번에 알 수 있다고 너스레를 부리는 거죠.

❸ 그리고 카드 뭉치를 친구 쪽으로 내밀어서 '카드 1'의 숫자 표를 보여줍니다. 조금 전 고른 숫자가 그중에 있는지 물어보세요. (없다고 하면 0을, 있다고 하면 1을 마음속으로 세어둡니다.)

❹ '카드 1'을 뒤로 넘겨 '카드 2'를 보여주세요. 그 숫자가 있는지 다시 한 번 물어봅니다. (없다고 하면 0을, 있다고 하면 1×2를 계산해서 '카드 1' 때 세어둔 숫자에 더합니다.)

❺ 같은 방식으로 '카드4', '카드8', '카드16', '카드32'도 보여주면서 없다고 하면 0을, 있다고 하면 4, 8, 16, 32를 더해나갑니다.

❻ 그 합계가 바로 관객이 고른 숫자입니다! 보란 듯이 답을 공개하세요.

1	3	5	7
9	11	13	15
17	19	21	23
25	27	29	31
33	35	37	39
41	43	45	47
49	51	53	55
57	59	61	63

2	3	6	7
10	11	14	15
18	19	22	23
26	27	30	31
34	35	38	39
42	43	46	47
50	51	54	55
58	59	62	63

4	5	6	7
12	13	14	15
20	21	22	23
28	29	30	31
36	37	38	39
44	45	46	47
52	53	54	55
60	61	62	63

8	9	10	11
12	13	14	15
24	25	26	27
28	29	30	31
40	41	42	43
44	45	46	47
56	57	58	59
60	61	62	63

16	17	18	19
20	21	22	23
24	25	26	27
28	29	30	31
48	49	50	51
52	53	54	55
56	57	58	59
60	61	62	63

32	33	34	35
36	37	38	39
40	41	42	43
44	45	46	47
48	49	50	51
52	53	54	55
56	57	58	59
60	61	62	63

이렇게 하면 친구들은 여러분이 숫자 표 여섯 장을 모조리 외울 만큼 똑똑하다고 믿게 되겠지요. '있다'고 답했던 카드에만 공통으로 들어가는 숫자를 완벽히 파악한 것처럼 보일 테니까요. 하지만 여러분이 이 마술을 통해 물어본 것은 사실 친구가 고른 숫자의 이진법 표기였습니다. 친구는 알 리가 만무하지만요.

- 첫 번째 카드에서 친구는 오른쪽 끝자리가 1인지 0인지를 말해주었고,
- 두 번째 카드에서는 21자리가 1인지 0인지를,
- 세 번째 카드에서 관객은 22자리가 1인지 0인지를 말해주는 방식이었습니다.

자기도 모르게 비밀을 다 털어놓은 셈이지요.

신문 찢기 마술

이럴 수가!

마술사는 찢어진 신문 열여섯 조각 중에 관객이 어떤 조각을 고를지 알아맞힙니다.

이 마술에는 두 개 지면이 이어진 넓은 신문지 한 장이 필요합니다. 가운데 오목하게 접힌 선이 여러분 앞쪽에 오도록 놓으면 세로 면보다

가로 면이 길어질 것입니다. 다양한 생활용품이나 아파트 매매 사진이 담긴 전면 광고가 있다면 안성맞춤입니다. 그림을 이용하면 마지막에 남을 조각을 한눈에 파악할 수 있으니까요.

1. 우선 신문을 세로로 한 번 접고

2. 접힌 선을 따라 반으로 찢어서

3. 왼쪽 면을 그대로 (뒤집지 말고) 오른쪽 면의 위나 아래에 포갭니다.

4. 이렇게 포갠 신문지 두 장을 시계 방향으로 $90°$ 회전시켜서 가로 면이 세로 면보다 길어지게 하세요.

5. 세로로 접어 찢고 $90°$ 회전시키기를 네 번 연속으로 마치면 총 열여섯 장의 신문 조각이 생깁니다.

미리 생각하기 & 미리 준비하기

a	b	i	j
c	d	k	l
e	f	m	n
g	h	o	p

처음 위치를 기준으로 열여섯 조각에 아래처럼 이름을 붙입니다.

이중에서 중요한 것은 k조각입니다. 마술을 시작하기 전에 잘 봐두어야 할 조각이지요. 여기에 담긴 내용(생활용품 세일 9,900원, 2억에 전원주택 장만 등)을 메모지에 적어두었다가 마지막 순간에 펼쳐 보여야 합니다. 그때까지는 메모지를 밀봉해서 테이블 위 눈에 잘 띄는 곳에 올려두세요.

신문을
갈기갈기 찢겠습니다.

오 이런!

계약

서

Marai

마술쇼는 이렇게

❶ 마술사는 1에서 16까지 번호가 매겨진 카드 열여섯 장을 가지고 등장합니다. 숫자가 적힌 면이 아래를 향하게 뒤집어서 1번이 제일 위로, 16번이 제일 아래로 오도록 순서대로 쌓아두세요.

❷ 카드를 떼어 밑으로 넣기를 여러 번 반복한 후 부채꼴 모양으로 펼쳐서 관객에게 한 장을 고르게 합니다.

❸ 관객은 고른 카드를 확인하지 않고 테이블에 그대로 내려놓습니다.

❹ 마술사는 관객이 뽑은 카드를 기준으로 위쪽에 있던 카드들을 모아 카드 패 제일 밑으로 옮깁니다.

❺ 그리고 패를 고르게 정리할 때처럼 테이블에 직각으로 세워 카드를 두드린 후 내려놓습니다.

• 이 틈을 이용해서 제일 아래쪽 카드의 번호를 슬쩍 확인해두세요. 여기에 1을 더하면 관객이 고른 카드 번호가 나옵니다.

• 여기까지 정확히 이해했다면 손놀림이 빠르고 자연스러워질 때까지 충분히 연습하세요.

잠깐! 생각 정리하기

• 차례로 쌓아놓은 카드 패에서 위쪽 몇 장을 떼어 밑으로 옮기더라도 순서에는 아무 영향이 없습니다. 따라서 여러분이 확인한 카드가 7번이라면 관객이 고른 카드는 8번입니다. 여러분이 확인한 카드가 16번이라면 관객이 고른 카드는 1번이라는 사실도 기억해두세요.

• 이 마술이 성공하려면 신문을 네 번 찢었을 때 k조각의 위치가 열여섯 개 조각 중 관객이 고른 카드 번호에 해당하는 자리와 일치해야 합니다. 마지막 순간에 관객에게 "카드를 확인하고 그 번호에 해당하는 자리에 있는 신문조각을 찾아 읽어보라"고 지시할 계획이니까요. 그런 다음 미리 써둔 예언을 펼쳐 보이며 이 세일 상품(또는 이 전원주택)이 나올 줄 이미 알고 있었노라고 자랑하면 됩니다.

• 그러기 위해서는 관객이 고른 카드에서 1을 뺀 값, 즉 마술사가 확인한 제일 아래쪽 카드 번호가 필요합니다. 이 숫자에 따라 우리는 왼쪽 면을 오른쪽 면 아래에 포갤지, 위에 포갤지 결정하게 됩니다.

1. 신문을 찢어 왼쪽 면을 오른쪽 면 위에 포갤 경우를 '위'라고 하고 아래에 포갤 경우를 '아래'라고 합시다.

2. 관객이 고른 카드 번호를 n이라고 하면 마술사가 확인한 카드 번호는 (n-1)이 됩니다.

3. 신문을 찢고 나서 '위'나 '아래'를 결정하려면 머릿속으로 (n-1)을 2의 거듭제곱 꼴로 전환해야 합니다(8, 4, 2, 1 순서로). 예: (n-1)=10

이라면 $10 = (1 \times 8) + (0 \times 4) + (1 \times 2) + (0 \times 1)$

- 0은 '아래'를 의미하고 1은 '위'를 의미합니다.

- 우선 $2^0 = 1$에 부여된 값 0 또는 1을 확인하고

- $2^1 = 2$에 부여된 값,

- $2^2 = 4$에 부여된 값,

- $2^3 = 8$에 부여된 값 순으로 확인합니다.

- 예로 들었던 $(n-1) = 10$의 경우라면 첫 번째 찢었을 때는 '아래', 두 번째 찢었을 때는 '위', 세 번째 찢었을 때는 '아래', 네 번째 찢었을 때는 '위'에 두게 됩니다. 따라서 10에 해당하는 왼쪽 면의 위치는 '아래-위-아래-위'라고 표현할 수 있습니다. → 이 원리에 따라 열여섯 개 숫자는 저마다 '위'와 '아래'가 섞인 네 자리 조합을 갖게 됩니다.

이제 여러분 차례!

나머지 열다섯 개 숫자도 '위'와 '아래'로 풀어서 표현해봅시다. (단, 16은 0과 동일합니다.)

트릭 파헤치기

$n = 11$이고 $(n-1) = 10$일 때 k의 위치를 확인해봅시다.

- 첫 번째 찢고 왼쪽 면을 아래로 포개어 시계 방향으로 $90°$ 돌렸을 때(괄호 속은 아래쪽 면)

O(g)	M(e)	K(c)	I(a)
P(h)	N(f)	L(d)	J(b)

• 두 번째 찢고 왼쪽 면을 위로 포개어 시계 방향으로 90° 돌렸을 때
(괄호 속은 아래쪽 면, 위에서부터 차례로)

P(hld)	O(gkc)
N(fjb)	M(eia)

• 세 번째 찢고 왼쪽 면을 아래로 포개어 시계 방향으로 90° 돌렸을 때

M(eianfjb)	O(gkcphld)

• 네 번째 찢고 왼쪽 면을 위로 포개어 시계 방향으로 90° 돌렸을 때

M(eianfjbogkcphld)

→ k는 열한 번째 자리에 오게 됩니다. 마술은 성공!

이제 여러분 차례!
관객이 고른 카드가 항상 k 자리에 온다는 것을 위와 같은 방식으로 직접 확인해보세요.

공들여 연구해도 아깝지 않을 만큼 멋진 무대를 보장합니다!
→ 해답은 275쪽에.

Chapter 21

미스터리한
정수의 합동

이번 장에 소개된 매력적인 마술들을 배우려면 수학 공부가 조금 더 필요합니다.
우선 '합동'이 무엇인지부터 짚고 넘어갈까요?

─────── 법 7에 관하여 합동 ───────

양의 정수를 하나 정한 다음, 연산 결과가 0부터 6 사이의 수가 나올
때까지 계속해서 7을 뺄 것! 이것이 '법 7에 대한 합동'을 구하는 방법
입니다. 예를 들어봅시다.

• 20의 경우, 20=7×2+6이므로 6이라는 결과를 얻게 되지요. 이때 우
리는 '20은 법 7에 관하여 6과 합동이다'라고 표현합니다.

• 50의 경우, 50=7×7+1이므로 1이라는 결과를 얻게 됩니다. 따라서
'50은 법 7에 관하여 1과 합동'입니다.

이렇게 얻어진 0~6은 시작점에 해당하는 정수를 7로 나누었을 때의
나머지와 같습니다.

생각하기 1

1. 이번에는 0부터 6 사이의 모든 정수에 2를 곱해봅시다. 단, 그 값이 6을 넘어가면 법 7에 관하여 합동인 0부터 6 사이의 수로 대체합니다. **예:** $6 \times 2 = 12 = 7 + 5$이므로 5로 대체 → 6의 2배수는 법 7에 관하여 5와 합동입니다.

- 표를 완성하면 다음과 같습니다.

수	0	1	2	3	4	5	6
2배수, 법 7	0	2	4	6	1	3	5

- 0부터 6까지의 모든 수가 2배수의 법 7에 포함되어 있습니다.
- **예:** 11은 4의 2배수를 7로 나눈 나머지입니다.

2. 어떤 수를 '2배수의 법 7에 관하여 합동인 값'을 찾아서 화살표로 연결하면

- 0은 자기 자신과 연결되므로 고리 형태가 그려집니다.
- 1은 2에, 2는 4에, 4는 1에 연결되어 세 수의 순환이 일어나고
- 3은 6에, 6은 5에, 5는 3에 연결되어 또 다른 세 수의 순환이 일어납니다. 직접 그림을 그려 확인해보세요.

3. 이번에는 앞의 예와 같은 방식으로 하되 2배수 대신 '3배수의 법 7에 관하여 합동인 값'을 찾아봅시다.

수	0	1	2	3	4	5	6
3배수, 법 7							

- 0부터 6까지 모든 수는 3배수의 법 7에 포함되어 있습니까?

• 순환 관계를 그림으로 그려보세요.

생각하기 2

0~6의 4배수와 법 7에 관하여 합동인 값을 찾고 순환 관계를 확인해

봅시다.

수	0	1	2	3	4	5	6
4배수, 법 7							

생각하기 3

0~6의 5배수와 법 7에 관하여 합동인 값을 찾고 순환 관계를 확인해

봅시다.

수	0	1	2	3	4	5	6
5배수, 법 7							

생각하기 4

〈생각하기 1〉에서는 0~6의 2배수를 이용했었죠? 이번에는 0~6의 제

곱과 법 7에 관하여 합동인 값을 찾아봅시다.

예: 5의 제곱은 5×5=25이고, 25=3×7+4이므로 4로 대체합니다.

표를 완성하고 화살표로 순환 관계를 표시해보세요.

수	0	1	2	3	4	5	6
제곱, 법 7							

0~6의 모든 수는 제곱의 법 7에 포함되어 있습니까?

제곱의 나머지가 같아지는 수를 발견했나요? 바로 2와 5입니다. 두 수 모두 4로 대체되지요. 따라서 4는 2와 5라는 여러 개의 제곱근*을 가진다고 할 수 있습니다.

그 외에도 여러 개의 제곱근을 가진 수가 있습니까?

생각하기 5

이번에는 0~6의 세제곱과 법 7에 관하여 합동인 값을 찾고 화살표로 순환 관계를 표시해봅시다.

예: 5의 세제곱은 $5 \times 5 \times 5 = 125$이고, $125 = 7 \times 17 + 6$이므로 6으로 대체합니다.

수	0	1	2	3	4	5	6
세제곱, 법 7							

• 0~6의 모든 수는 세제곱의 법 7에 포함되어 있습니까?

• 세제곱의 나머지가 같은 수가 있습니까? 그렇다면 하나의 수가 여러 개의 세제곱근을 가진다고 할 수 있을까요?

→ 해답은 276쪽에.

드디어 합동을 이용한 마법 수학으로 넘어가봅시다!

---

* 제곱해서 어떤 값이 나오게 하는 수. 4는 2를 제곱해서 나오는 값이므로 2는 4의 제곱근입니다.

타임머신

이럴 수가!

날짜만 말해도 요일을 알 수 있어요. '만년달력'이 있으니까요.

미리 생각하기

여러분도 직접 만년달력을 만들어보세요. 지금부터 똑소리 나는 방법을 알려드립니다.

1900년 1월 1일은 월요일

요일은 7일마다 반복되므로 1월 8일, 15일, 22일, 29일도 월요일입니다.

1. 2월

• 첫 월요일이 4일이므로 11일, 18일, 25일도 역시 월요일입니다.

• 1월의 월요일과는 날짜가 3일씩 차이 난다는 것을 알 수 있습니다.

2. 3월

• 3월을 계산하기 전에 기억해야 할 것이 있습니다. 1900년 2월은 윤달**이 아니기 때문에 날짜가 28일까지밖에 없다는 것이지요.

** 윤년에는 2월이 29까지 있습니다. 윤년은 4년에 한 번씩 오고, 그 해의 연도는 4로 나누어떨어지는 것이 특징입니다. 4로 나누어떨어지는 수는 마지막 두 자리가 4로 나누어떨어지는지 확인해보면 간단히 확인할 수 있지요. 하지만 '00'으로 끝나는 해는 예외입니다. 그럴 때는 '00'을 제외한 나머지 숫자 부분이 4로 나누어떨어져야 합니다. 따라서 1900년, 1800년, 1700년은 19, 18, 17이 4로 나누어떨어지지 않으므로 윤년이 아니지만 1600년과 2000년은 16과 20이 4로 나누어떨어지므로 윤년입니다.

- 그래서 3월에는 2월처럼 4일, 11일, 18일, 25일이 월요일이 됩니다.
- 1월과 비교하면 역시 3일씩 날짜 차이가 납니다.

3. 4월

- 3월은 31일까지 있고 31=28+3이므로 4월과 3월 사이에는 또 한 번 3일 차가 생깁니다.
- 따라서 1월과 비교하면 4월에는 3+3=6일씩 날짜 차이가 있습니다.

4. 5월

- 4월은 30일까지 있기 때문에 4월과 5월 사이에는 30-28=2일 차이가 생깁니다.
- 1월과 비교하면 5월에는 6+2=8일씩 날짜 차이가 있습니다.
- 그런데 8=7+1이므로 8일 차이는 1일 차이와 같습니다. 실제로 7일 간격의 날짜끼리는 항상 같은 요일이지요. 일주일은 7일이니까요.

5. 이렇게 열두 달을 모두 따져보면 각 달마다 1월에서 월이 바뀌지 않고 계속 이어졌을 때 어떻게 되었을지 유추할 수 있게 해주는 고유한 값을 구할 수 있습니다.

- 1월의 고유 값은 0이겠지요? (같은 달 안에서는 날짜 차이가 생길 수 없으니 자명합니다.)
- 각 달마다 찾아낸 고유 값은 다음과 같습니다.

0, 3, 3, 6, 1, 4, 6, 2, 5, 0, 3, 5

→ 이 값을 이용하면 우리는 1900년도의 어떤 날이든 요일을 알아맞힐 수 있습니다. 달력을 보지 않더라도 말이지요.

예: 5월 15일을 생각해봅시다. 5월의 고유 값은 1이므로 5월 15일은 1

월 15+1일과 요일이 같습니다. 1월 15일이 월요일이기 때문에 16일은 화요일이 되고, 따라서 5월 15일도 화요일입니다.

1901년부터는…

그다음해인 1901년은 어떨까요?

1. 1900년은 윤년이 아니기 때문에 총 365일이었습니다.

• 그런데 365=7×52+1, 즉 1년 동안 7일씩 52주하고도 하루가 더 있다는 뜻이지요. → 따라서 1901년은 전년에 비해 날짜 차이가 하루씩 더 생깁니다. 1월 1일이 월요일이 아닌 화요일이 되는 것이죠.

2. 요일마다 1부터 7까지 번호 매김을 해봅시다.

• 월요일은 1, 화요일은 2, 그렇다면 토요일은 6이 되고, 일요일은 7, 곧 0과 같습니다. → 따라서 해가 바뀔 때마다 1900년의 요일 값에 1씩 더하면 요일을 찾아낼 수 있습니다.

예: 1901년 5월 15일의 경우

• 15+1(월에 따른 차이)+1(연에 따른 차이)=17입니다. 기준연도인 1900년의 1월 17일이 수요일이므로 1901년 5월 15일도 수요일입니다.

• 17=2×7+3이고 3은 수요일에 해당한다는 것을 통해서 확인할 수도 있습니다.

1. 1902년은 1900년에 2일을 더하고 1903년은 3일을 더하면 됩니다.

2. 이렇게 시간의 흐름을 따라가다가 윤년인 1904년이 나오면 윤년에는 2월이 29일까지 있으므로 그다음 달에 해당하는 3월부터는 1만큼

차이를 더 주어 계산합니다.

3. 정리하면 1900년 이후로는

• 윤년이 나올 때마다 지금껏 우리가 배운 계산에서 1을 더 추가하고

• 계산하고 있는 시점에서 그 해가 윤년인데 2월 28일이 지나갔다면 그때도 1을 더해야 합니다.

예: 1950년 8월 22일의 요일을 알고 싶다면

• 윤년에 따른 차이는 12: 50 = 4 × 12 + 2이므로 1900년 이후 윤년은 총 열두 번

• 월에 따른 차이는 2: 1900년도 참조

• 일에 따른 차이는 22: 해당 월의 날짜(8월 22일) 값

• 년에 따른 차이는 50: 1900년 이후 흘러간 햇수

→ 차이 값의 총합은 86

→ 여기서 7을 계속 빼면 86 = 7 × 12 + 2이므로 2가 나옵니다.

→ 따라서 1950년 8월 22일은 화요일입니다.

2000년이 지나면?

1. 2000년 2월 27일은 어떨까요?

• 1900년 이후 100년이 흘렀네요. 100 = 7 × 14 + 2이므로 년에 따른 차이는 2가 됩니다.

• 그동안 윤년이 총 24번 있었으므로(99÷4의 몫에 해당하는 값) 윤년에 따른 차이는 3이 됩니다. → 따라서 차이 값의 총합은 2 + 3 = 5

→ 즉 1900년 2월 27일을 기준으로 −2입니다.

2. 2000년 2월 28일부터는 윤년을 한 번 더 고려해야 하므로 차이 값은 6, 즉 −1이 됩니다.

3. 1900년 대신 2000년을 기준으로 윤년과 햇수를 계산할 수도 있습니다.

• 그럴 땐 1900년을 기준으로 계산한 값에서 1을 빼면 됩니다. 단, 2000년 1월 1일과 2000년 2월 28일 사이는 2를 빼야겠지요?

예: 2001년 1월 15일이라면

• 15+0(월요일이므로)+1(2001년이므로)+0(2000년 이후 윤년 횟수)−1=15 → 15는 1과 같으므로 월요일입니다.

이런 원리를 이용한 놀이(태어난 요일 찾아내기 등)가 시시한 장난처럼 보일 수도 있습니다. 하지만 의외의 상황에서 아주 진지한 해결책이 되기도 하지요.

노사분쟁 조정위원회에 근무하던 한 변호사도 이 계산법을 배우고는 무릎을 쳤지요. 소송이란 원래 사건이 발생한지 한참이 지나서야 판결이 나곤 합니다. 특히나 노사분쟁 소송에서는 휴가 기간, 보상 휴가일 등 요일 확인이 필요할 때 많은데 이미 몇 년이 지나버린 시점에서는 달력을 찾기가 어려워 곤란할 때가 많았거든요. 여러분도 이제 "수학을 배워서 어디에 쓰는지" 아시겠지요?

마술쇼는 이렇게

이 마술을 보여줄 때는 가능한 한 순서대로 차근차근 질문하는 것이 좋습니다.

❶ 먼저 연도를 묻고(생각할 시간을 가진 후)

❷ 월을 묻고(생각할 시간을 가진 후)

❸ 날짜를 묻습니다.

❹ 그리고 그날이 무슨 요일인지 알아맞히면 됩니다.

해답 편에는 요일 계산이 바르게 되었는지 확인할 수 있는 간단한 검산 장치가 준비되어 있습니다. 자신감을 갖고 도전해보세요. (주머니에 넣어두면 마음이 든든할 거예요.)

→ 해답은 279쪽에.

유로 지폐

알아두기

이번에는 법 9에 대한 합동을 이용해봅시다. 주어진 정수 대신 그 수를 9로 나눈 나머지를 사용하면 됩니다.

1. 이 지폐에는 문자 한 개와 숫자 열한 개로 이루어진 번호가 적혀 있습니다.

2. 문자 X는 24번째 알파벳이므로 X를 24로 바꾸어 숫자 옆에 붙여

쓰면 24 22441438235가 됩니다.

3. 이 수를 9로 나눈 나머지는 이 수를 이루는 숫자들의 합을 9로 나눈 나머지와 같습니다.

→ 숫자들의 합은 44이고 44 = 9 × 4 + 8이므로 나머지가 8입니다.

4. 한 가지 놀라운 사실은 프랑스 은행에서 발행한 지폐들은 문자를 알파벳 번호로 대체하고 9로 나누면 나머지가 항상 8이 된다는 것입니다.

이 특징을 이용하면 어떤 마술을 할 수 있는지 지금부터 알려드릴게요.

이럴 수가!

마술사는 지폐 번호 중 앞에 있는 숫자와 문자만 보고도 마지막 숫자를 알아맞힙니다.

마술쇼는 이렇게

❶ 마술사는 지폐를 들고 있는 관객에게 지폐 번호를 찾아보게 합니다. 그리고 마지막 숫자를 제외한 나머지 문자와 숫자 조합을 물어봄

니다.

❷ 예를 들어 관객이 알려준 조합이 24 2244143823이라면 마술사는 다음과 같이 계산해나갑니다.

- 숫자들의 합은 39이고
- 조폐 번호는 9의 배수보다 8만큼 커야 합니다.
- 39에서 가장 가까운 9의 배수는 36이고
- 여기에 8을 더하면 44가 되는데
- 39에서 44가 되려면 5가 필요합니다.

→ 따라서 관객이 숨긴 마지막 숫자는 5입니다.

기억하기! 숫자들의 합이 이미 9의 배수보다 정확히 8만큼 많은 상황이라면 마지막 숫자는 0이 될 수도 있고 9가 될 수 있어 난처해지겠죠. 하지만 다행히 프랑스은행은 0으로 끝나는 지폐는 만들지 않습니다. 따라서 이런 경우에는 항상 9가 정답이라는 것을 기억하세요.

내 마음속 짝꿍

이럴 수가!

복잡한 이야기를 시작해야겠군요….

봄이 되자 교실이 떠들썩합니다. 우리 반 얼짱과 짝꿍이 될 행운의 주인공이 누구일지, 모두의 관심이 뜨겁습니다. 그때 마술사가 넌지시 운을 떼웁니다. 자기도 모르는 속마음을 읽어낼 방법이 하나 있다고 말이죠. 사실 마술사도 쑥스럽긴 마찬가지지만 혹시 또 모르잖아요? 이번 기회에 마음을 전할 수 있을지도요. 그래서 교실 뒤쪽에 무리지어 모인 친구들 틈에서 자연스럽게 그 아이에게 말을 걸어봅니다. 우리 반 남학생 열일곱 명 중에 너도 모르게 끌리는 애가 누군지 알려주겠다고요….

마술쇼는 이렇게

❶ 마술사는 트럼프 카드 크기의 메모지나 마분지 열일곱 장을 준비해서 1에서 17까지 번호를 매깁니다.

❷ 한 장당 한 명씩 남학생 이름을 적으세요. 시범 삼아 1번 카드에 마술사 자신의 이름을 적은 다음, 나머지는 다른 친구들이 채우도록 합니다.

❸ 카드 앞면이 아래를 향하도록 뒤집고 1번이 제일 위에, 17번이 제일 아래에 오도록 번호순으로 모으세요.

❹ 그리고 좋아하는 친구에게 카드 뭉치를 건네며 한 장은 왼쪽에, 한 장은 오른쪽에 번갈아 내려놓는 방식으로 두 패로 나눠달라고 부탁합니다.

❺ 두 패 중 하나를 다른 하나 위에 쌓고, 원하는 만큼 카드를 떼어 제일 밑으로 옮겨달라고 하세요.

❻ 마술사는 카드를 시계 반대방향으로 한 장씩 둥글게 배열합니다. 앞면이 아래를 향하도록 내려놓으세요.

❼ 그리고 양면에 아무것도 적혀 있지 않은 백지 한 장을 모두가 볼 수 있도록 원 한가운데 내려놓습니다.

❽ 친구에게 카드를 한 장 골라 뒤집게 합니다.

❾ 카드 번호를 확인하고 그 번호 만큼 시계 방향으로 숫자를 세어 도착한 카드를 뒤집습니다.

❿ 이번에도 카드 번호를 확인하고 그 번호 만큼 시계 방향으로 숫자를 세어 도착한 카드를 또 뒤집습니다. 이런 방식으로 뒤집지 않은 카드가 한 장만 남을 때까지 계속하세요. (카드를 셀 때는 뒤집힌 카드를 포함해 모든 카드를 세야 합니다.)

⓫ 마지막 한 장의 카드가 남게 되면 이 카드가 친구의 숨겨진 마음을 알려줄 것이라고 말하세요. 게다가 한 번 카드를 뒤집은 자리에는 두 번 다시 멈춰 서지 않는 것도 흔한 일이 아니라며 분위기를 잡습니다.

⓬ 드디어 마지막 카드를 뒤집어보면? 1번 카드가 나올 것입니다! 마술사의 이름이 적힌 카드지요.

⓭ 여기서 끝내면 섭섭하죠. 마술사는 라이터를 꺼내 가운데 놓인 백지를 그을립니다(종이가 완전히 타버리지 않게 조심하세요). 그럼 종이에 이런 글이 나타날 거예요. "1번은 한 명뿐! 사랑의 마법이 시작된다."

⓮ 이렇게까지 했는데도 그 친구가 넘어오지 않는다면… 유감스럽지만 그땐 포기해야 할 것 같군요.

트릭 파헤치기

어쨌거나 우리는 마법의 비밀을 풀어보도록 하죠. 참, 백지에 나타난 마법 문장은 은현잉크로 미리 적어둔 것입니다. 옛날에는 레몬즙을 이용했지요.

1. 이 마술은 열일곱 명뿐 아니라 다섯 명, 일곱 명, 열아홉 명, 스물아홉 명, 서른한 명과도 할 수 있습니다. 인원이 소수(나눠지지 않는 수)라면 언제나 가능해요.

2. 출발점이 1번만 아니라면 어디서부터 출발하든지 1번이 마지막까지 남게 됩니다. 모든 카드가 1번보다 먼저 뒤집히게 되어 있거든요. 만약 마음에 드는 친구가 처음부터 여러분 이름이 적힌 1번을 골랐다면 어떻게 하느냐고요? 그땐 즉시 마술을 마무리 짓고 백지에 숨겨진 메시지를 보여줘야지요!

3. 마술을 시작할 때 카드를 섞어야 하는 이유는 시계 방향을 따라 카

드 번호가 규칙적으로 커지게 만들기 위해서입니다. 이렇게 하면 홀수는 홀수끼리 2만큼씩 커지고, 짝수는 짝수끼리 2만큼씩 커지게 됩니다.

4. 테이블에 카드 열일곱 장을 원형으로 내려놓을 때와 카드를 뒤집기 위해 번호를 셀 때는 서로 반대 방향으로 움직여야 한다는 것을 꼭 기억하세요.

이제 여러분 차례!

• 원을 그리며 한 카드에서 다음 카드로 넘어갈 때, 카드 번호 사이에는 어떤 관계가 있을까요? (1~17 중 하나로 귀착시키는 것은 법 17에 관하여 합동으로 볼 수 있습니다.)

• 1부터 17까지의 숫자 열일곱 개는 이 과정을 거치며 어떻게 변할까요?

• 주어진 숫자를 연속으로 열여섯 번 전환하면 어떻게 변할까요?

→ 해답은 282쪽에.

Chapter 22

문제는
논리력

교육학자 마르코 마이로비츠가 발명한 '마스터 마인드'라는 보드게임을 아시나요?
이번 장에서 다룰 마술은 마스터 마인드와 비슷한 심리 마술입니다.
수학도 배우고 논리력도 키워보세요.

마술
79

• 추론 마술 •

마술쇼는 이렇게

❶ 관객은 카드 한 벌(52장) 중에서 한 장을 머릿속으로 떠올립니다.

❷ 마술사는 미리 준비한 종이 일곱 장을 한 줄로 쌓고 관객 쪽으로 들어 앞면을 보여줍니다.

• 종이마다 앞면에는 여러 장의 카드가 그려져 있습니다.

• 마술사는 앞면을 확인하지 않습니다.

❸ 종이를 한 장씩 넘겨가며 그중 관객이 고른 것과 '같은 숫자'를 가진

카드가 있는지 물어보세요. 관객은 마술사의 질문에 '예' 또는 '아니요'로만 답해야 합니다.

- 1차 시도: ♥A, ♣7, ♠5, ◆J, ◆9, ◆3
- 2차 시도: ♥J, ♣10, ♠2, ♠6, ◆7, ♣3
- 3차 시도: ♣6, ♣4, ♥7, ◆5, ◆6, ◆Q
- 4차 시도: ♥9, ♠8, ♠10, ♣J, ◆10, ♠Q

❹ 5차 시도부터는 질문을 바꾸어 관객이 고른 것과 '같은 무늬'를 가진 카드가 있는지 물어봅니다.

- 5차 시도: ♥6, ♥2, ◆8, ♣5, ♥5, ◆A, ◆K
- 6차 시도: ♣9, ◆2, ♣8, ♠J, ♠K, ♣A, ♠4
- 7차 시도: ♣Q, ♠9, ♥Q, ♣K, ♥3, ♣2, ♠3

❺ '예' 또는 '아니요'라는 일곱 번의 대답만으로도 마술사는 관객이 고른 카드를 알아낼 수 있습니다.

트릭 파헤치기: 대체 왜? 어떻게?

카드 그림이 그려진 종이 일곱 장을 각각 K1, K2, K3, K4, K5, K6, K7이라 부르기로 합시다.

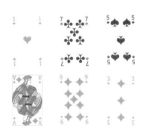

K1 당신이 고른 것과
같은 숫자를 가진 카드가 있습니까?

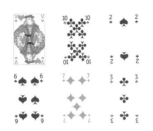

K2 당신이 고른 것과
같은 숫자를 가진 카드가 있습니까?

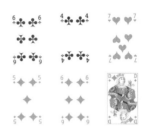

K3 당신이 고른 것과
같은 숫자를 가진 카드가 있습니까?

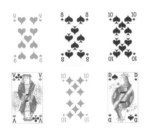

K4 당신이 고른 것과
같은 숫자를 가진 카드가 있습니까?

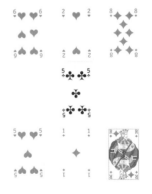

K5 당신이 고른 것과
같은 무늬를 가진 카드가 있습니까?

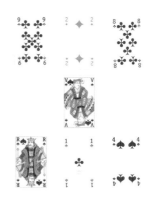

K6 당신이 고른 것과
같은 무늬를 가진 카드가 있습니까?

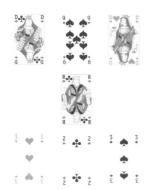

K7 당신이 고른 것과
같은 무늬를 가진 카드가 있습니까?

마술사의 전략

1. 처음 네 개의 질문부터 살펴봅시다.

- K1에 대해 '예'라고 답하면 1점,
- K2에 대해 '예'라고 답하면 2점,
- K3에 대해 '예'라고 답하면 4점,
- K4에 대해 '예'라고 답하면 8점으로 점수를 매기세요.
- '아니오'는 항상 0점으로 계산합니다.
- 이렇게 얻은 네 개의 점수를 모두 더합니다. 이쯤 되면 이진법과 관

련 있다는 것을 알 수 있지요?

2. 카드를 자세히 살펴봅시다.

• 에이스는 단 한 장, 1점짜리 카드 묶음에만 들어 있습니다.

• 2번 카드도 단 한 장, 2점짜리 카드 묶음에만 들어 있습니다.

• 4번 카드도 4점짜리 카드 묶음에만,

• 8번 카드도 8점짜리 카드 묶음에만 들어 있습니다.

• 1점과 2점 묶음에 공통으로 들어간 카드는 3번뿐입니다. 따라서 1+2=3점이 됩니다.

3. 이 원리를 그대로 적용하면 됩니다.

• 예를 들어 어떤 카드에 대한 답변이 0+2+4+0이라면 이 카드는 6번 이고

• 1+2+0+8이라면 잭(J)입니다(11=잭, 12=퀸).

• 만약 0+0+0+0이 나왔다면 이 카드는 킹(K)입니다. 네 묶음에 단 한 번도 등장하지 않는 카드지요.

4. 이렇게 처음 네 번의 질문을 통해 숫자 값을 찾았다면 이제는 무늬 를 확인할 차례입니다. 마지막 세 묶음을 살펴봅시다.

• 다섯 번째 묶음에는 스페이드(♠)가, 여섯 번째 묶음에는 하트(♥) 가, 일곱 번째 묶음에는 다이아몬드(◆)가 빠진 것을 알 수 있습니다.

• 따라서 마지막 세 질문 중 '아니오'라고 답하면 그 묶음에 들어 있지 않은 무늬가 관객이 고른 카드의 무늬입니다.

• '스-하-다-클'이라고 순서를 기억해두세요.

예를 들어봅시다.

• 정답이 ♠6이라면? 관객은 다섯 번째 질문에서 '아니오'로 답할 것입니다. 그럼 마술사는 더 이상 물을 것도 없이 바로 마술을 끝낼 수 있습니다.

• 정답이 ♣6이라면? 일곱 번째 답까지 모두 들어봐야 합니다. 다섯 번째부터 일곱 번째 질문까지 세 번 모두 '예'라고 해야 클로버 카드인 것을 확신할 수 있기 때문입니다.

암산도
마술

마술사가 범상치 않은 암산 실력을 발휘할 때면 관객들은 늘 감탄사를 터트리지요.
그런데 그거 아세요?
몇 가지 팁만 익혀두면 여러분도 하루아침에 천재가 될 수 있다는 것을!

인간 계산기

이럴 수가!

마술사는 아홉 자리 숫자 두 개를 순식간에 곱해냅니다.

마술쇼는 이렇게

❶ 마술사는 칠판에 숫자 142,857,143을 쓰고

❷ 관객에게도 아홉 자리 숫자 하나를 제시하게 합니다.

예: 123,456,789

❸ 그리고 두 수를 단번에 곱해서 왼쪽에서부터 오른쪽으로 답을 적어 나갑니다.

트릭 파헤치기

마술사 머릿속에 계산기가 들어 있지 않고서야 어떻게 이런 일이 가능할까요? 비밀은 이렇습니다.

1. 1,000,000,001는 7로 정확히 나누어떨어지는 수입니다. 그런데 그때 나오는 몫이 다름 아닌 142,857,143이지요.

→ 따라서 142,857,143을 어떤 수와 곱할 때는 142,857,143을 직접 곱하는 대신에 두 단계로 나누어 생각하면 편리합니다.

• 1,000,000,001을 곱한 후

• 그 결과를 7로 나눌 것.

2. 그렇다면 어떻게 해야 아홉 자리 숫자에 1,000,000,001이나 되는 큰 수를 금방 곱할 수 있을까요? 방법은 간단합니다. 처음 숫자를 나란히 두 번 적어주면 되거든요. 앞에 예로 든 숫자를 활용하면 다음과 같습니다.

$123,456,789 \times 1,000,000,001 = 123,456,789,123,456,789$

• 그러니까 마술사는 관객이 제시한 숫자가 두 번 연속 적혀 있다고 상상한 후, 머릿속으로 이 열여덟 자리 숫자를 7로 나누면 됩니다.

• 왼쪽에서 오른쪽으로 답을 적어나가는 것도 그런 이유입니다.

$123,456,789,123,456,789 \div 7 = 17,636,684,160,493,827$

• → 따라서 $142,857,143 \times 123,456,789 = 17,636,684,160,493,827$

물론 연습은 좀 필요하지만 굉장히 그럴듯한 마술 아닌가요? 숫자 계산은 단순 작업이 아니라 머리를 써야 한다는 교훈도 준답니다.

━━━━━━━━ • 9가 가득한 암산 • ━━━━━━━━

이럴 수가!

99^2이 뭘까요? 9,801!!

999^2은? 998,001!

$9,999^2$은? 99,980,001! 계속해서 마술사는 척척 답을 내놓습니다!

마술쇼는 이렇게

9로만 이루어진 수의 제곱을 암산으로 구해냅니다.

트릭 파헤치기

$(10^n-1)^2$만 전개하면 끝! 전개해볼까요?

$$(10^n-1)^2 = 10^{2n} - 2 \times 10^n + 1 = (10^n)(10^n-2) + 1$$

우리가 제곱하려는 수는 9로만 이루어져있기 때문에 $(10^n-1)2$ 형태로 표현할 수 있습니다. 좀 더 간단히 정리하면 $(10^n)(10^n-2)+1$가 되지요.

99를 예로 들면 $99 = 100 - 1$이므로

$99^2 = 100 \times 98 + 1 = 9,801$이 되고,

999를 예로 들면 $999 = 1,000 - 1$이므로

$999^2 = 1,000 \times 998 + 1 = 998,001$이 됩니다.

홀이냐 짝이냐, 그것이 문제로다

정수 중에서 0, 2, 4, 6, 8로 끝나는 수는 짝수,
1, 3, 5, 7, 9로 끝나는 수는 홀수라고 합니다.
만약 두 칸으로 나뉜 동전 지갑이 있는데 한 쪽에는 1상팀, 5상팀, 1유로,
다른 한 쪽에는 20상팀, 20상팀, 50상팀, 2유로를 넣어두었다면 이건 동전 금액을
홀짝으로 분류한 것이라고 할 수 있어요. 책 앞부분에서 우린 이미 동전 열두 개를
이용한 홀짝 마술을 배운 적이 있지요. 지금 소개할 마술도 같은 원리입니다.

---- ● **마법 산수** ● ----

마술쇼는 이렇게

❶ 관객에게 마음속으로 정수(n)를 하나 골라 왼쪽이나 오른쪽 주머니에 넣게 합니다. 물론 상상이지만요.

❷ 그리고 나머지 주머니에는 바로 그다음 숫자(n+1)를 넣습니다.

❸ 이제 마술사는 관객에게 계산기를 하나 주고 이렇게 계산하게 합니다.

"오른쪽 주머니 속 숫자에 2를 곱하고"

"왼쪽 주머니 속 숫자에 3을 곱해서"

"그 둘을 곱하세요."

❹ 관객이 계산 결과를 말하면 마술사는 각각의 주머니에 어떤 숫자가 들어 있는지 알 수 있습니다.

트릭 파헤치기

마술사 전용 만능 팁만 있으면 식은 죽 먹기지요. 관객이 구한 값의 십의 자리 숫자에 2를 곱하고 1을 더하세요. 만약 그 결과가

1. 짝수라면 마술사가 계산해낸 값이 오른쪽 주머니에 들어 있고

2. 홀수라면 왼쪽 주머니에 들어 있습니다.

3. 7 또는 8로 끝나면 나머지 주머니 속 숫자는 첫 번째 숫자보다 크다는 뜻입니다. 고로 1을 더하면 됩니다.

4. 2 또는 3으로 끝나면 나머지 주머니 속 숫자는 첫 번째 숫자보다 작다는 뜻입니다. 즉 1을 빼면 됩니다.

몇 가지 예를 들어 볼까요?

• 관객이 알려준 값이 18이라면 마술사의 연산 값은 2×1+1=3이 됩니다.

→ 18은 짝수이므로 3은 오른쪽 주머니에 들어 있습니다.

→ 마지막 숫자가 8인 것을 보아 왼쪽 주머니 속 숫자는 3+1=4입니다.

- 관객이 말한 값이 13이라면 마술사의 연산 값은 $2 \times 1 + 1 = 3$입니다.

→ 13은 홀수이므로 3은 왼쪽 주머니에 들어 있습니다.

→ 마지막 숫자가 3인 것을 보아 오른쪽 주머니 속 숫자는 $3 - 1 = 2$입니다.

- 관객이 말한 값이 22이라면 마술사의 연산 값은 $2 \times 2 + 1 = 5$입니다.

→ 22는 짝수이므로 5는 오른쪽 주머니에 들어 있습니다.

→ 마지막 숫자가 2인 것을 보아 왼쪽 주머니 속 숫자는 $5 - 1 = 4$입니다.

- 혹시 관객이 7 같은 숫자를 말하더라도 당황하지 마세요. 십의 자리 숫자가 0일 뿐이니까요.

따라서 마술사의 연산 값은 $2 \times 0 + 1 = 1$이 됩니다.

→ 7은 홀수이므로 1은 왼쪽 주머니에 들어 있습니다.

→ 마지막 숫자가 7인 것으로 보아 오른쪽 주머니 속 숫자는 $1 + 1 = 2$입니다.

숫자가 작다면 암산으로도 가능하지만 100을 넘어가거나 1,000에 가까운 큰 숫자라면 관객이 계산기를 사용하도록 하는 것이 좋습니다. 그래야 마술사도 복잡한 계산 때문에 진땀 빼지 않거든요.

예를 들어 관객이 구한 값이 2108이라면

- 십의 자리 숫자가 210이라고 생각하면 됩니다. 따라서 마술사의 연산 값은 $2 \times 210 + 1 = 421$이 됩니다.

→ 2108은 짝수이므로 421은 오른쪽 주머니에 들어 있습니다.

→ 마지막 숫자가 8로 끝났다는 것은 왼쪽 주머니 속에 $421 + 1 = 422$가 들어 있다는 뜻이지요!

이제 여러분 차례!

이 마술을 관객 앞에 선보이려고 합니다. 방금 배운 만능 팁을 종이와 연필이 필요 없는 간단한 수식으로 바꿀 수 있을까요?

→ 해답은 283쪽에.

카드 두 장

미리 준비하기

관객과 만나기 전에 미리 준비해야 할 것이 있습니다.

1. 카드 전체를 앞면이 아래로 향하도록 뒤집고

2. 위에서부터 빨간색 두 장과 검은색 두 장이 번갈아가며 나오도록 쌓아둡니다.

3. 그리고 검은 에이스 두 장과 빨간 에이스 두 장의 위치를 맞바꾸어 카드 패 안에서 서로 충분히 멀리 떨어뜨려 놓으세요.

4. 마지막 단계가 중요합니다. 제일 위쪽 카드를 패 제일 밑으로 옮기세요. 이제 제일 위쪽 카드 두 장은 서로 다른 색이 되었습니다.

여러분이 방금 만든 카드 패를 위에서부터 두 장씩 세어보면 서로 색이 다른 두 장이 쌍을 이루고 있을 것입니다. 단, 에이스가 들어 있는 네 쌍은 같은 색끼리 짝을 이루고 있지요. 과연 그런지 직접 확인해보세요.

이럴 수가!

패를 잘 섞은 후 쌍을 지어 뽑아보면 카드는 항상 검은색과 빨간색이 짝을 이루고 있습니다. 그런데 에이스 카드만은 같은 색 두 장이 묶여 있네요!

마술쇼는 이렇게

❶ 카드 패를 잠시 펼쳤다 접으면서 서로 색이 다른 카드가 한 쌍을 이루는 경우와 색이 같은 카드가 한 쌍을 이루는 경우를 관객에게 설명해줍니다.

• 색이 다른 쌍을 설명할 때는 제일 위쪽 카드 두 장을 보여주고

• 색이 같은 쌍을 설명할 때는 카드 패 중간 즈음으로 재빨리 넘어가서 같은 색깔 두 장을 모아 보여줍니다.

• 에이스 카드가 눈에 띈다면 연속 세 장이 같은 색일 수도 있다고 설명하세요.

❷ 이제 친구가 고를 카드 쌍의 색깔에 대해 실험을 하나 해보자고 하세요. 사실 이 실험은 두 장을 뽑으면 늘 다른 색이 나오다가 에이스 카드만 들어가면 같은 색이 나오는 신기한 우연을 만들기 위한 사전작업이지요.

❸ 우선 관객에게 카드를 두 패로 나누게 합니다. 앞면이 아래를 향하도록 카드를 쥐고 오른쪽에 한 장, 왼쪽에 한 장, 번갈아 내려놓으면 됩

니다.

❹ 투명한 컵을 두 잔 준비하고 그 안에 카드를 한 패씩 넣으세요. 카드 앞면은 여러분 쪽으로, 뒷면은 관객 쪽으로 향하게 합니다.

• 친구는 모르겠지만 컵에 든 두 패의 제일 위쪽 카드를 한 장씩 뽑으면 서로 다른 색이 나오게 됩니다. (에이스 카드만 아니라면) 빨간색과 검은색이 번갈아 이어지겠지요.

❺ 이제 친구에게 두 컵 중 하나를 고르게 합니다. 그리고 그 안에 든 패의 제일 아래쪽 카드(관객이 보기에 제일 뒤쪽 카드)를 뽑아 앞면이 아래를 향하도록 테이블에 내려놓게 하세요.

❻ 같은 방식으로 계속해서 카드를 한 장씩 집어 한 패로 쌓게 합니다. 컵을 꼭 한 번씩 번갈아가며 고를 필요는 없습니다.

• 이쯤에서 친구에게 여러분이 처음부터 카드 선택을 몰래 조종하고 있었다고 얘기하세요.

• 사실 첫 장을 뽑고 나면 두 잔에 든 패의 제일 아래쪽 카드는 같은 색이 됩니다. 따라서 그 후로는 어느 쪽을 뽑든지 상관없지요.

❼ 한 장씩 뽑다 보면 두 잔 속 카드가 모두 끝날 것입니다. 만약 어느 한 쪽이 훨씬 더 빨리 끝난다면 나머지 잔 속 카드를 그대로 테이블 위 카드 패에 쌓아도 되지만 재미를 더하기 위해 다시 한 번 둘로 나누어 양쪽 잔을 채워봅시다.

• 이때 남은 카드 장수가 홀수라면 양쪽이 같은 색으로 끝나도록 '절반쯤'으로 나누어야 합니다.

• 남은 카드 장수가 짝수라면 카드를 정확히 절반으로 나누되 두 패가 다른 색으로 끝나도록 한 패의 순서를 바꿔주세요.

❽ 이제 테이블에 놓인 패에서 카드를 두 장씩 뽑아 보여주면 관객은 여러분의 예언이 완벽히 이루어졌다고 생각할 것입니다. 에이스 카드만 예외라던 말까지도요!

너무 재밌어서 잠 못 드는 수학 - 풀이

마술 1 _ 재봉용 줄자

나중에 고등학생이 되어 등차수열의 합을 배울 때면 어릴 때 익혀둔 간단한 마술이 새삼 요긴해질 거예요. 등차수열이 무엇인지, 예를 들어볼까요? 1부터 100까지 정수의 합(S)을 구하고 싶다면 1부터 100까지 한 번, 100부터 1까지 또 한 번, 나란히 두 번의 합을 구합니다.

$$1+2+3+\cdots+98+99+100=S$$
$$100+99+98+\cdots+3+2+1=S$$
$$101+101+101+\cdots+101+101+101=2S$$

두 식의 각 항을 더해 얻은 세 번째 식은 그 값이 2S와 같지요. 수직으로 더한 두 수의 합은 모두 101이 됩니다. 따라서 2S는 101이 100번 더해진 것과 같기 때문에 $101 \times 100 = 10,100$이라고 할 수 있고, 양변을 2로 나누면 S=5,050이 나옵니다.

따라서 $1+2+3+\cdots+98+99+100=5,050$이지요.

마술 2 _ 세 개의 주사위

주사위 네 개의 수평면 숫자 여덟 개를 모두 더하면 $4 \times 7 = 28$입니다. 여기서 제일 윗면 숫자를 빼면 답을 찾을 수 있겠죠?

마술 3 _ 이심전심, 전화 연결

카드 한 벌을 모두 사용할 때는 아래 표를 이용하세요. 남녀 모두 가능합니다.

	A	K	Q	J	10	9
♥	지네딘, 요스라	요안, 테스	라파엘, 샤바나	와심, 나우라스	파스칼리브, 옥타비	마티외, 멜라니
♦	자카리, 빅토리아	테랑스, 사이마	라만, 라셸	사뮈엘, 나타샤	오즈칸, 마나르	미카엘, 로브나
♠	야신, 발랑틴	토마, 사라	로맹, 프리실라	뤼스템, 나디아	우사마, 마에바	막심, 자스민
♣	아니스, 방다	사미, 사브리나	레미, 오펠리	필립, 우마이나	모하메드, 멜리사	로링조, 쥐스틴

	8	7	6	5	4	3	2
♥	로익, 인티사르	제프, 글라디스	이스마엘, 파드와	파엠, 엘라나르	에디, 세이나	빌랄, 셀린	안소니, 아샤
♦	카르타이크, 이네스	조르당, 에이디	아리스, 아난	파이살, 데르야	엘리아, 클라라	오렐리앙, 카롤	아이멘, 아멜리아
♠	케빈, 엘렌	자웨드, 파비올라	지오방, 에미네	플로리앙, 디아나	딜란, 클라리스	알피르, 부크라	아벨, 안
♣	준드, 안나	일리에스, 파트마	제르송, 엘리자	파티크, 샤이마	샘, 신디	알렉상드르, 세실리아	압뒤사메, 앙드레아

아래쪽은 여자 이름이에요. 가나다 순으로 정리하면 쉽게 찾을 수 있겠죠?

수학 덕후를 위한 보충 설명

이 마술은 카드 32장과 이름 32개로 이루어진 두 유한집합의 일대일 대응을 이용하고 있어요. 하나의 이름이 단 한 장의 카드에 대응하고, 한 장의 카드가 단 하나의 이름에 대응하는 방식이지요.

마술 6 _ 알아맞혀봅시다, 척척박사님

20~29 중에서 숫자를 고르게 하면 항상 열아홉 번째 카드에서 멈춥니다. 비밀 카드를 밝혀낼 열아홉 글자 주문으로는 "어떤 카드가 정답일까요. 척척박사님, 도와줘요!" 또는 "어떤 카드가 정답일까요. 딩동댕. 척척박사님. 짠!"이라고 하면 되겠죠?

마술 13 _ 넷이서 한 마음

처음 위치	1	2	3	4	5	6	7	8	9	10	11
1회 섞은 후	22	20	18	16	14	12	10	8	6	4	2
2회 섞은 후	21	17	13	9	5	1	4	8	12	16	20

처음 위치	12	13	14	15	16	17	18	19	20	21	22
1회 섞은 후	1	3	5	7	9	11	13	15	17	19	21
2회 섞은 후	22	18	14	10	6	2	3	7	11	15	19

22장을 이런 방식으로 섞을 때 제자리인 카드는 위에서 여덟 번째이고, 한 차례 섞을 때 위치가 뒤바뀐 카드는 다섯 번째와 열네 번째입니다. 섞는 횟수가 짝수라면 다시 제자리로 돌아오지요.

마술 15 _ 호주식 카드 섞기

킹 카드와 퀸 카드를 이용하면 다음과 같습니다.

처음	♣Q	♠Q	♣K	♥Q	◆Q	♠K	◆K	♥K
마지막	♥K	♥Q	♠K	♠Q	◆K	◆Q	♣K	♣Q

숫자 카드를 두 번을 섞고 나면 다음과 같습니다.

처음	1	2	5	4	3	7	6	8
한 번 섞은 후	8	4	7	5	6	3	5	1
두 번 섞은 후	1	2	3	4	5	6	7	8

아래 표는 카드를 네 번 섞었을 때 제자리로 돌아오는 과정을 보여줍니다. 각각의 카드 위치가 어떻게 바뀌는지 관찰해보면 재미있는 특징을 발견할 수 있습니다.

• 1번과 8번은 자리를 맞바꿉니다. 2를 주기로 (1, 8) 순환이 일어난다고 할 수 있습니다.

• 2번과 4번도 자리를 맞바꿉니다. 2를 주기로 (2, 4) 순환이 일어난다고 할 수 있습니다.

• 3번은 주기가 4인 (3, 6, 5, 7) 순환이 끝나면 제자리로 돌아옵니다. 6번, 5번, 7번도 마찬가지입니다.

처음	1	2	3	4	5	6	7	8
1번 섞은 후	8	4	6	2	7	5	3	1
2번 섞은 후	1	2	5	4	3	7	6	8
3번 섞은 후	8	4	7	2	6	3	5	1
4번 섞은 후	1	2	3	4	5	6	7	8

네 번을 섞은 후 카드가 제자리로 돌아오는 현상은 순환 주기 2, 2, 4의 최소공배수와 관련 있음을 직관적으로 알 수 있습니다.

따라서 카드를 두 번 섞은 후 관객에게 첫 번째(또는 여덟 번째) 카드를 확인하게 하는 마술을 생각해볼 수 있겠지요? 시작하기 전 그 자리의 카드를 슬쩍 봐두기만 하면 마술은 성공입니다.

이번에는 열세 장을 한 패로 묶어봅시다. 스페이드 카드 1~10번과 J, Q, K를 모두 사용하면 됩니다.

연속해서 섞는 과정은 다음과 같습니다.

처음	1	2	3	4	5	6	7	8	9	10	J	Q	K
1번 섞은 후	10	2	6	Q	8	4	K	J	9	7	5	3	1
2번 섞은 후	7	2	4	3	J	Q	1	5	9	K	8	6	10
3번 섞은 후	K	2	Q	6	5	3	10	8	9	1	J	4	7
4번 섞은 후	1	2	3	4	8	6	7	J	9	10	5	Q	K

주기만 모두 확인되면 끝까지 해볼 필요는 없습니다.

- 주기가 1인 순환 두 개: (2), (9)
- 주기가 3인 순환 한 개: (5, 8, J)
- 주기가 4인 순환 두 개: (K, 1, 10, 7), (3, 6, 4, Q)

주기에 해당하는 1, 1, 3, 4, 4의 최소공배수는 12이므로 카드 패는 열두 번을 섞으면 제자리로 돌아옵니다.

마술 23 _ 기묘한 카드 정렬 ————————————————•

다이아몬드 A~10번이 온 다음 클로버 A~10번이 차례로 오게 하려면 카드 순서는 다음과 같습니다(위에서부터, 앞면이 아래로 향하도록 뒤집어서).

♣8, ◆A, ♣A, ◆2, ♣6, ◆3, ♣2, ◆4, ♣10, ◆5, ♣3, ◆6, ♣7,

◆7, ♣4, ◆8, ♣9, ◆9, ♣5, ◆10

점이 20개 찍힌 원 위에 카드를 배열한다면 다이아몬드 카드의 위치는

다음과 같습니다.

A – 두 번째 점

2 – 네 번째 점

3 – 여섯 번째 점

…

10 – 스무 번째 점

이어서 클로버 카드를 놓을 때는 다이아몬드 카드가 차지한 자리를 제

외해야한다는 사실을 기억하세요.

• ♣A는 남은 빈 칸 중 두 번째 자리에 와야 하므로 원 위의 세 번째

점, 즉 ◆A와 ♣2 사이에 놓아야 합니다.

• ♣2는 그 후에 남은 빈 칸 중에서 두 번째 자리에 와야 하므로 ◆3

과 ◆4 사이에 놓아야 합니다.

• 나머지 카드도 같은 방식으로 놓습니다.

같은 방법으로 생각해보면 다이아몬드 A~K(열세 장)가 온 다음 클로

버 A~K(열세 장)이 차례로 오게 하려면 아래처럼 정렬하면 됩니다.

♣7, ◆A, ♣A, ◆2, ♣Q, ◆3, ♣2, ◆4, ♣8, ◆5, ♣3, ◆6, ♣J,

◆7, ♣4, ◆8, ♣9, ◆9, ♣5, ◆10, ♣K, ◆J, ♣6, ◆Q, ♣10, ◆K

마술 28 _ 나이와 고향

윤년에는 관객이 말한 값에 116을 더해야 $100a+n$을 찾을 수 있습니다.

마술 43 _ '역사적인' 마방진

$A=48-21=27$

$B=48-20=28$

$C=48-18=30$

$D=48-19=29$

마술 44 _ 카드 마방진

첫 번째 내려놓은 카드의 값을 a라고 할 때

1. a는 0(조커)과 10 사이에 있고

2. 그 다음 숫자 세 개는 $(a+1)$, $(a+2)$, $(a+3)$으로 표현할 수 있습니다.

3. 1~K 카드 패 중에 a 뒤에 남은 카드는 총 $(13-a)$장이지만

4. 곧바로 세 장을 더 내려놓았기 때문에 $(10-a)$장만 남게 되지요.

5. 그 다음 단계에서 정확히 $(10-a)$장을 뗐다면 뗀 카드의 마지막 장은 K가 됩니다.

6. 그리고 빈칸에 내려놓을 다섯 번째 카드는 A부터 다시 이어집니다.

7. 따라서 그 다음 내려놓아야 할 카드 열두 장은 언제나 미리 정리해둔 '26장' 중 마지막 열두 장이 됩니다.

이렇게 배열한 카드 값을 아래처럼 정리해보면

a+1	1	12	7
11	8	a	2
5	10	3	a+3
4	a+2	6	9

가로줄, 세로줄, 대각선의 합이 항상 (a+21)이 된다는 것을 알 수 있습니다.

그럼 관객 주머니 속 카드는 몇 장일까요?

처음 카드 21장+조커 1장+(a−1)장이니까 (a+21)장이 됩니다. 결국 마방진의 합과 동일하다는 사실, 이미 알고 계셨나요?

마술 47 _ 마술 주사위 다섯 개

1. 하나의 주사위에 적힌 여섯 숫자는 십의 자리 숫자가 모두 같습니다. → 주사위 별로 2, 3, 4, 5, 6이에요.

2. 주사위 다섯 개를 던져서 나오는 십의 자리 합을 구하면 항상 20이 됩니다. → 늘 0으로 끝난다는 것을 기억하세요.

3. 주사위 다섯 개를 던져 나오는 일의 자리 합을 구하면 십의 자리로 받아올림 할 숫자가 하나 생깁니다. 그런데 십의 자리 합은 (2번에서 확인한 것처럼) 항상 '0'으로 끝나기 때문에 십의 자리에는 받아올림한 값을 그대로 쓰면 됩니다. → 주사위를 던져 나온 다섯 숫자 합의 끝 두 자리는 결국 일의 자리 숫자 합과 같습니다.

4. 숫자마다 백의 자리와 일의 자리를 더해봅시다. 네 개 주사위에 적힌 4×6=24개 숫자는 그 합이 항상 10이 되고, 나머지 한 개 주사위에 적

힌 여섯 개 숫자는 합이 항상 8이 됩니다. 따라서 주사위 다섯 개를 던 졌을 때, '백의 자리 합'에 '십의 자리 합에서 백의 자리로 받아올림' 하게 되는 2를 더하면 4×10+8+2=50이 됩니다. → 따라서 주사위를 던져 나온 다섯 숫자 합의 첫 두 자리는 '50-일의 자리 합'에 해당합니다.

예: 주사위를 던져 나온 숫자가 228, 733, 842, 654, 662라면

• 먼저 일의 자리 합을 구하세요.

8+3+2+4+2=19

→ 총합의 끝 두 자리는 19입니다.

• 50에서 일의 자리 합을 빼면 50-19=31

→ 총합의 첫 두 자리는 31입니다.

• 따라서 다섯 숫자의 총합은 3119가 됩니다.

마술 50 _ 카르타고 건국 신화

우선, 파리 수학 축제의 단골손님이자 이 아이디어의 주인인 자크 쇼팽 씨에게 감사 인사를 전합니다. 트럼프 카드로 마술사 머리가 통과할 만한 구멍을 만들려면 어떻게 해야 할까요?

직접 사진까지 찍어 보내주신 열정에 감사드립니다.

마술 51 _ 마지막 트로이카

처음 자리	52	51	50	49	48	47	...	31	...	15	...	1
앞면	1	X	2	X	3	X		X		X		X
뒷면	X	1	X	2	X	3		11		19		26

처음 자리	26	...	19	...	11	...	3		1
앞면	1		X		X		X		X
뒷면	X		4		8		12		13

처음 자리	13	12	...	8	...	4	...	2	1
앞면	1	X		X		X		X	7
뒷면	X	1		3		5		6	X

처음 자리	6	5	4	3	2	1
앞면	1		2		3	
뒷면	X	1		2		3

마술 56 _ 마리냐노 전투

다음과 같이 계산하면 됩니다.

$$[\{20x+3)(5)+y\}(20+3](5)+z-1515$$

$$=\{(100x+15+y)(20)+3\}(5)+z-1515$$

$$=(2000x+300+20y+3)(5)+z-1515$$

$$= 10000x + 1500 + 100y + 15 + z - 1515$$

$$= 10000x + 100y + z + 1515 - 1515$$

$$= 10000x + 100y + z$$

이 값을 정리해보면 생년월일을 나타내는 두 자리 숫자 세 쌍이 연속 나열된 여섯 자리 수가 나옵니다.

마술 57 _ 날짜 커닝하기

암산으로 도전하고 싶다고요? 얼마든지요. 대신 약간의 연습이 필요합니다.

1. M이 짝수라면 (31M+12D)도 짝수, M이 홀수라면 (31M+12D)도 홀수입니다. 따라서 결과를 보면 M이 홀수인지 짝수인지 알 수 있지요. 여기에 따라 M을 2단위로 높여가며 대입해보면 연산의 최솟값과 최곳값은 $2 \times 31 = 62$만큼의 차이가 생깁니다.

2. (31M+12D)를 31로 나누면 몫은 (M+어떤 정수), 나머지는 (12D-어떤 정수×31)과 같습니다. 따라서 12로 나누어떨어질 때까지 나머지를 31단위로 높여가며 대입해보면 12D를 찾을 수 있습니다.

3. M이 2단위로 계속 커지기 때문에 우리는 이 나머지를 62단위로 높여가며 12로 나누어떨어질 때까지 계산하면 됩니다. 그때 나오는 몫이 바로 '일'에 해당하는 D이지요. '월'은 62단위로 계속 높였던 최종 값을 31로 나눈 몫에서 2만큼씩 빼면 됩니다.

예: 최종 값 268을 31로 나누면 몫이 8이 되고 나머지가 생깁니다.

$8 \times 31 = 248$을 빼보면 나머지는 20인 것을 확인할 수 있지요. 검산해보면

$20 + 62 = 82$

$82 + 62 = 144 \rightarrow 12$의 배수가 나옵니다.

그러므로 $D = 144 \div 12 = 12$입니다.

62를 두 번 더했기 때문에 8에서 2를 두 번 더한 값 4를 뺍니다.

그러므로 $M = 8 - 4 = 4$입니다.

마술 59 _ 마술 접시를 돌려라!

두 원 C와 C_1을 따로 떼어 생각해봅시다.

- 도형 OAO_1A_1에서 네 변의 길이는 모두 원의 반지름으로 같습니다.
- 따라서 OAO_1A_1는 마름모이고,
- $\overrightarrow{OA}$와 $\overrightarrow{O_1A_1}$도 같습니다.

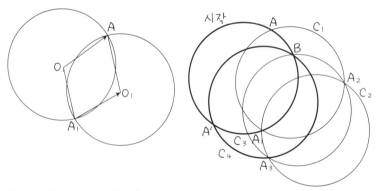

같은 방식으로 생각해보면

- C_1와 C_2에서는 $\overrightarrow{O_1A_1}$와 $\overrightarrow{O_2A_2}$도 같고

- C_2와 C_3에서는 $\overrightarrow{O_2A_2}$와 $\overrightarrow{O_3A_3}$도 같고

- C_3와 C_4에서와 $\overrightarrow{O_4B}$가 같고

- C_4와 C에서는 $\overrightarrow{O_4B}$와 $\overrightarrow{A'O}$도 같습니다.

따라서

- $\overrightarrow{A'O} = \overrightarrow{AO}$이고

- A'는 A와 정반대편에 있습니다.

수학은 정말 아름답고 효율적인 학문입니다. 게다가 마술처럼 신비롭지요! 그러니 식당이든 어디든 분위기를 살리고 싶다면 수학도 한번 생각해보세요.

마술 60 _ 수학 파노라마

먼저 두 가지를 확인하세요.

- 각 가로줄 위 숫자들은 1씩 커지는 배열입니다.

- 첫 번째 세로줄의 합은 $1+2+3+4+5+15=30$입니다.

1. 세로줄 여섯 개에 1부터 6까지 번호를 매깁니다.

2. 첫 번째 가로줄에서 뒤집힌 카드가 속한 세로줄을 a라고 하고, 같은 방식으로 두 번째부터 여섯 번째 가로줄에서 뒤집힌 카드가 속한 세로줄을 각각 b, c, d, e, f라고 합시다.

3. 그렇다면 첫 번째 가로줄에서 뒤집힌 카드의 값은 $1+(a-1)$,

두 번째 가로줄에서 뒤집힌 카드의 값은 $2+(b-1)$,

세 번째, 네 번째, 다섯 번째를 거쳐 여섯 번째 가로줄에서 뒤집힌 카드

의 값은 15+(f-1)이 되겠지요?

4. 따라서 여섯 장의 값을 모두 더하면 다음과 같습니다.

$$30+(a+b+c+d+e+f)-6$$

$$=24+(a+b+c+d+e+f)$$

첫 번째 전략

위의 식을 바탕으로 24에 카드가 뒤집어진 세로줄 번호를 더합니다.
한 장 뒤집어진 줄은 그 번호를 한 번, 두 장 뒤집어진 줄은 그 번호를
두 번 더하는 방식이지요.

예: 제일 왼쪽 세로줄(1번 줄)부터 제일 오른쪽 세로줄(6번 줄)까지
각각 카드가 1장, 0장, 1장, 0장, 2장, 2장 뒤집혀있다면 수식은 다음과
같습니다.

$$24+1+3+2\times5+2\times6=50$$

두 번째 전략

위의 식을 바탕으로 총합은 $(4+a)+(4+b)+(4+c)+(4+d)+(4+e)+(4+f)$ 라고도 표현할 수 있습니다. 따라서

1번 세로줄에 카드가 한 장 뒤집히면 $4+1=5$,

2번 세로줄에 카드가 한 장 뒤집히면 $4+2=6$,

…

6번 세로줄에 카드가 한 장 뒤집히면 $4+6=10$입니다.

어떤 세로줄(i)에 카드가 여러 장 뒤집혀있다면 ($4+i$)에 그 카드 장수

를 곱하면 되지요.

정리하면, 1번 세로줄 값은 5,

2번 세로줄 값은 6,

…

6번 세로줄 값은 10이고

여기에 줄마다 뒤집힌 카드 장수를 곱하면 총합을 구할 수 있습니다.

예: 이번에도 역시 제일 왼쪽 세로줄(1번 줄)부터 제일 오른쪽 세로줄 (6번 줄)까지 각각 카드가 1장, 0장, 1장, 0장, 2장, 2장 뒤집혀 있다면 수식은 다음과 같습니다.

$1 \times 5 + 0 \times 6 + 1 \times 7 + 0 \times 8 + 2 \times 9 + 2 \times 10 = 50$

따라서 뒤집힌 카드의 총합은 50입니다.

마술 62 _ 마술 피라미드-도전은 계속된다

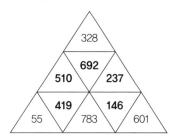

숫자가 90씩 커지는 2003 피라미드는 어떻게 만들까요?

아홉 개 숫자 중 가장 작은 숫자를 a라고 합시다.

1을 연속으로 더해서 합이 가 되는 피라미드를 응용하면

1. a에 90을 연속으로 더한 피라미드의 경우는 다음과 같습니다.

$a + (a+90) + (a+3 \times 90) + (a+5 \times 90) + (a+8 \times 90)$

$= 5a + 17 \times 90$

$= 5a + 1530$

2. $5a + 1530 = 2006$이므로 $5a = 473$이 됩니다.

→ a는 정수이기 때문에 이 방정식은 불가능합니다.

1을 연속으로 더해서 합이 1+4+5+6+8=24가 되는 피라미드를 응용하면

1. $2003 = a + (a+3 \times 90) + (a+4 \times 90) + (a+5 \times 90) + (a+7 \times 90)$

$= 5a + 19 \times 90$

$= 5a + 1710$

2. $5a = 293$입니다.

→ 따라서 안타깝게도 답이 될 수 없습니다.

합이 25, 26, 28인 경우도 같은 방식으로 정리해보면 역시 불가능합니다.

이처럼 90씩 커지는 마술 피라미드를 만들려면 다섯 숫자의 합이 $(5a+90k)$ 형태여야 합니다. 따라서 합이 2003이 나올 수는 없지요. 5a는 3으로 끝날 수 없기 때문입니다.

하지만 91씩 커지는 2004 피라미드라면 가능합니다!

2004와 (5a+91k)가 가질 수 있는 값을 차례로 맞춰보면 다음과 같습니다.

- 합이 22인 모형을 이용하고 k=17일 때
→2004-17×91이 5로 나누어떨어집니까?
- 합이 24인 모형을 이용하고 k=19일 때
→2004-19×91이 5로 나누어떨어집니까?
- 합이 25인 모형을 이용하고 k=20일 때
→2004-20×91이 5로 나누어떨어집니까?
- 합이 26인 모형을 이용하고 k=21일 때
→2004-21×91이 5로 나누어떨어집니까?
- 합이 28인 모형을 이용하고 k=23일 때
→2004-23×91이 5로 나누어떨어집니까?

정답은 합이 24인 모형을 이용할 때입니다.
$2004-91×19=275=5×55$이므로 a=55입니다.

마술 65 _ 자정의 비밀 ─────────────────●

1. '한 시', '두 시', '세 시' 이렇게 '자정'까지 글자 수를 모두 더해보면 30자입니다.
2. 1~12 중에서 친구가 고른 숫자를 a라고 하면
- 주머니 속 카드는 a장이고
- 남은 카드는 (32-a)장이며
- 친구가 고른 카드는 a번째 자리에 있습니다.

271

예: a=7 이라면 남은 카드는 32-7=25장이 되지요.

3. 총 30글자니까 30장을 세야 합니다. 그럼 30번째 카드는 무엇일까요? 30-25=5이므로 다섯 번째 카드입니다.

4. 친구는 그 다음 카드인 여섯 번째 카드를 뒤집어 확인하게 되겠죠? a번째 자리를 맞추려면 일곱 번째 카드여야 하는데 말이에요!

5. a라는 추상적인 수를 통해 생각해보아도 마찬가지입니다. (두 번째 표를 참고하세요.)

• a번째 카드를 포함해 (a-2)번째 카드까지 세어보면 분명히 세 장인데 방향을 바꿔서 세어보면 (a-3)이 나옵니다.

• [(32-a)가 아닌 (33-a)부터] (a-3)을 더해주어야 (a-2) 자리에 [(33-a)+(a-3)=30이라는 값]이 올 수 있지요.

1번째	...	5번째	6번째	7번째	...	25번째
6번째	...	30번째	31번째	32번째	...	

1번째	...	(a-2)번째	(a-1)번째	a번째	...	(32-a)번째
(33-a)번째	...	30번째	31번째	32번째	...	

그런데도 마술사는 (a-1)번째가 아니라 a번째 카드를 뒤집었습니다. 대체 어떻게 했기에 정답 카드를 집을 수 있었을까요?

1번째	...	(a-2)번째	(a-1)번째	a번째	...	(31-a)번째
(32-a)번째		29번째	30번째	1번째		

간단합니다. 짓궂은 마술사가 한 장을 미리 몰래 빼두었기 때문이지요. 카드는 처음부터 32장이 아니라 31장이었습니다.

관객이 어떤 카드를 고를지 전혀 알 수 없는 상태에서 마술사는 카드 뒷면만 보고도 똑같은 카드를 찾아내야 합니다. 하지만 걱정 마세요. 제멋대로처럼 보여도 사실 두 패는 배열순서가 똑같거든요!

1. 처음 한 벌(52장)은 아무렇게나 두어도 됩니다. 하지만 둘째 벌은 첫 벌과 역순으로 정렬해주세요.

예: 첫 벌이 ♥8로 시작한다면 둘째 벌은 ♥8로 끝나게 합니다.

52장 모두 이런 규칙에 따라 준비합니다. 번거로운 작업이지만 그럴 만한 보람이 있을 테니까요.

2. 첫 벌이 빨간색 뒷면을 가진 카드라고 생각해봅시다. 우리는 그 카드를 위에서부터 '빨1', '빨2', '빨3', (…) '빨52'라고 부를 거예요.

3. 당연히 둘째 벌은 뒷면이 파란 색입니다. 그리고 '파52', '파51', '파50', (…) '파1' 순으로 정렬되겠지요.

• 같은 숫자끼리는 같은 카드라는 것을 기억하세요.

예: 빨12 = 파12

• 러플 셔플로 두 패를 합쳐지더라도 같은 벌에 속한 카드끼리는 순서가 바뀌지 않습니다.

4. 러플 셔플 후 떼어낸 첫 52장을 테이블에 한 장씩 내려놓으면 밑에서부터 대략(완벽하게 섞이지는 않았을 테니까요) 다음과 같은 순서로 쌓입니다.

빨1, 파52, 빨2, 파51, (…) 빨26, 파27

• 이 배열을 위에서부터 생각해보면 순서는 당연히 반대가 됩니다.

파27, 빨26, (…) 파51, 빨2, 파52, 빨1

• 그리고 남은 카드 52장은 위에서부터 다음과 같은 순서가 됩니다.

빨27, 파26, 빨28, 파25, (⋯) 빨51, 파2, 빨52, 파1

5. 관객이 카드를 고르는 동안 마술사는 마음속으로 빨간 카드나 파란 카드가 몇 장인지 세어야 합니다. 관객이 고르기로 한 색깔을 기준으로 세야겠지요?

6. 관객이 마술사의 카드 패에서 '파란색 n번'을 고른다면 마술사도 관객의 카드 패에서 '빨간색 n번'을 고릅니다. 그럼 같은 카드가 나올 거예요.

리플 셔플이 완벽하게 되지 않더라도 괜찮습니다. 대칭을 이루는 데에는 아무 문제가 되지 않으니까요.

마술 73 _ 관객 열세 명 ──────────────●

여섯 장을 섞으면

처음	1	2	3	4	5	6
1회 섞은 후	4	6	2	5	3	1
2회 섞은 후	5	1	6	3	2	4
3회 섞은 후	3	4	1	2	6	5
4회 섞은 후	2	5	4	6	1	3
5회 섞은 후	6	3	5	1	4	2
6회 섞은 후	1	2	3	4	5	6

열두 장을 섞으면

처음	1	2	3	4	5	6	7	8	9	10	11	12
1회 섞은 후	8	12	4	10	6	2	11	9	7	5	3	1
2회 섞은 후	9	1	10	5	2	12	3	7	11	6	4	8
3회 섞은 후	7	8	5	6	12	1	4	11	3	2	10	9
4회 섞은 후	11	9	6	2	1	8	10	3	4	12	5	7
5회 섞은 후	3	7	2	12	8	6	5	4	10	1	6	11
6회 섞은 후	4	11	12	1	9	7	6	10	5	8	2	3
7회 섞은 후	10	3	1	8	7	11	2	5	6	9	12	4
8회 섞은 후	5	4	8	9	11	3	12	6	2	7	1	10
9회 섞은 후	6	10	2	7	3	4	1	9	12	11	8	5
10회 섞은 후	2	5	7	11	4	10	8	12	1	3	9	6
11회 섞은 후	12	6	11	3	10	5	9	1	8	4	7	2
12회 섞은 후	1	2	3	4	5	6	7	8	9	10	11	12

두 경우 모두 불변수는 존재하지 않으며 원래 순서로 돌아오기 위해 필요한 섞기 횟수는 카드 장수와 같습니다.

마술 75 _ 신문 찢기 마술

관객이 고른 카드 번호=n, 0=아래, 1=위

이진법으로 전환한 (n−1)	신문을 찢은 후 왼쪽 면의 위치 (1~4회 차례로)	신문 조각이 쌓인 순서 (위에서부터 차례로)	k의 위치 (n과 동일)
16, 0=0+0+0+0	아래-아래-아래-아래	Kcogldphiamejbnf	1
1=0+0+0+1	위-아래-아래-아래	Ckgodlhpaiembjfn	2

이진법으로 전환한 (n−1)	신문을 찢은 후 왼쪽 면의 위치 (1~4회 차례로)	신문 조각이 쌓인 순서 (위에서부터 차례로)	k의 위치 (n과 동일)
2=0+0+1×2+0	아래−위−아래−아래	Ogkcphldmeianfjb	3
3=0+0+1×2+1	위−위−아래−아래	Gockhpdlemaifnbj	4
4=0+1×4+0+0	아래−아래−위−아래	Ldphkcogjbnfiame	5
5=0+1×4+0+1	위−아래−위−아래	Dlhpckgobjfnaiem	6
6=0+1×4+1×2+0	아래−위−위−아래	Phldogkcnfjbmeia	7
7=0+1×4+1×2+1	위−위−위−아래	Hpdlgockfnbjemai	8
8=1×8+0+0+0	아래−아래−아래−위	Iamejbnfkcogldph	9
9=1×8+0+0+1	위−아래−아래−위	Aeimbjfnckgodlhp	10
10=1×8+0+1×2+0	아래−위−아래−위	Meianfjbogkcphld	11
11=1×8+0+1×2+1	위−위−아래−위	Emaifnbjgockhpdl	12
12=1×8+1×4+0+0	아래−아래−위−위	Jbnfiameldphkcog	13
13=1×8+1×4+0+1	위−아래−위−위	Bjfnaiemdlhpckgo	14
14=1×8+1×4+1×2+0	아래−위−위−위	Nfjbmeiaphldogkc	15
15=1×8+1×4+1×2+1	위−위−위−위	Fnbjemaihpdlgock	16

마술사 선행학습 _ '법 7에 관하여 합동'

생각하기 1

수	0	1	2	3	4	5	6
3배수, 법 7	0	3	6	2	5	1	4

• 모든 수가 3배수의 잉여류에 포함되어 있고

• 고리 형태의 순환 (0)과 주기가 6인 순환 (1-3-2-6-4-5)이 일어납니다.

생각하기 2

수	0	1	2	3	4	5	6
4배수, 법 7	0	4	1	5	2	6	3

• 고리 형태의 순환 (0)과 주기가 3인 순환 (1-4-2), (3-5-6)이 일어납니다.

생각하기 3

수	0	1	2	3	4	5	6
5배수, 법 7	0	5	3	1	6	4	2

• 고리 형태의 순환 (0)과 주기가 6인 순환 (1-5-4-6-2-3)이 일어납니다.

생각하기 4

수	0	1	2	3	4	5	6
제곱, 법 7	0	1	4	2	2	4	1

• 1과 6은 제곱 값의 잉여가 1로 동일합니다. 따라서 1은 1과 6이라는

두 개의 제곱근을 가집니다.

• 3과 4도 제곱 값의 잉여가 2로 동일합니다. 따라서 2는 3과 4라는 두 개의 제곱근을 가집니다.

• 3, 5, 6은 제곱 값의 잉여류에 포함되지 않으므로 제곱근을 갖지 않습니다.

• 화살표로 관계를 그려보면 고리 형태의 순환 (0)이 일어납니다.

• 주기가 2인 순환 (2-4)은 3에서 2로, 그리고 5에서 4로 향하는 두 화살표와 만납니다.

• 고리 형태의 순환 (1)은 6에서 1로 향하는 화살표와 만납니다.

생각하기 5

수	0	1	2	3	4	5	6
세제곱, 법 7	0	1	1	6	1	6	6

• 2, 3, 4, 5는 세제곱의 잉여류에 포함되지 않습니다.

• 1은 1, 2, 4라는 세 개의 세제곱근을 가집니다.

• 6도 3, 5, 6이라는 세 개의 세제곱근을 가집니다.

• 화살표로 관계를 그려보면 고리 형태의 순환 (0)이 일어납니다.

• 고리 형태의 순환 (1)은 2에서 1로, 그리고 4에서 1로 향하는 두 화살표와 만납니다.

• 고리 형태의 순환 (6)은 3에서 6으로, 그리고 5에서 6으로 향하는 두 화살표와 만납니다.

계산기를 이용한 만년달력 프로그램

(아이디어를 보내준 세르쥬 살레 선생님께 감사드립니다.)

덧붙임 설명

이 프로그램은 존재하지 않는 날짜(1945년 13월 45일 등)나 연대에서 누락된 날짜(예: 프랑스 달력에는 1582년 12월 10일~19일은 존재하지 않습니다)도 상관하지 않고 모두 계산합니다. 아래 계산에서는 'X를 넘지 않는 최대 정수'를 가우스 기호에 넣어 [X]라고 표현합니다.

$52 \times 7 = 364$이므로 한 해의 마지막에는 하루를 더해주어야 하고, 2월이 윤달일 때도 하루를 더해주어야 합니다. 이 두 연산을 한 번에 처리하려면 한 해의 시작을 3월 1일로 잡는 것이 편리하지요. 따라서 (M-2)라는 식이 도출됩니다. 1월과 2월을 '전년도'로 보기 때문에 2개월만큼을 빼주는 것입니다.

이 계산법에는 아주 요긴한 장점이 하나 더 있습니다. '월'이 바뀔 때는 30일 또는 31일만 기준으로 생각하면 되거든요. 2월에서 3월로 넘어가는 것은 '월'이 아니라 '해'가 바뀌는 것으로 보기 때문입니다.

: Input "일__", D

: Input "월__", M

: Input "년__", Y

: M-2 → M

: if M ≤ 0 : Then

: M+12 → M : A−1→A

: End

: D+int(31M/12)+A+int(A/4)−int(A/100)+int(A/400)→H

: H−7int(J/7)→H

: if H = 0 : Disp "일"

: if H = 1 : Disp "월"

: if H = 2 : Disp "화"

: if H = 3 : Disp "수"

: if H = 4 : Disp "목"

: if H = 5 : Disp "금"

: if H = 6 : Disp "토"

여기서 A에 관한 명령어는 '년'이 바뀔 때 생기는 여러 가지 조정 값을 처리합니다.

이제는 '월'이 바뀔 때 생기는 조정 값만 다음과 같이 적용하면 됩니다.
[31M/12] = 2M+[7M/12]
→ 2M은 한 달이 30일인 것을 기본으로 하기 때문이고, [7M/12]은 한 달이 31일인 달을 고려하기 위해서입니다.

더 나아가기 1. 다른 공식들
• 이 공식이 [a×M] 형식 중 가장 단순한 형태라는 것을 확인해보세요. (7/12 = a⟨3/5)

• [a×M-b] 형식의 다른 공식도 익혀보세요.

예: 첼러의 공식 [2.6×M-0.2]

더 나아가기 2. 암산으로 해결하기

• Y=2000일 때, Y+[Y/4]-[Y/100]+[Y/400]=2485=0mod(7)입니다.

• 따라서 2000년의 날짜를 기준 삼아 나머지 연도를 Y=2000+B(B는 음수일 수 있음)로 놓고 계산하면 다음 공식을 얻을 수 있습니다.

$$H \equiv D+[31M/12]+B+[B/4]-[B/100]+[B+400]$$

• 1900≤Y≤2099일 때는 -[B/100]+[B/400]=0이므로 공식이 다음과 같습니다.

$$H \equiv D+2M+[7M/12]+B+[B/4]$$

예1: 1989년 8월 17일

$D=17 \equiv 3$

$2M=2 \times 6=12 \equiv -2$

$[7M/12]=[7 \times 6/12]=3$

$B+[B/4]=-11-3 \equiv 0$ 이고,

$H \equiv 3-2+3+0 \equiv 4$ 이므로

1989년 8월 17일은 목요일입니다.

예2: 2032년 7월 14일

$D=14 \equiv 0$

$2M = 2 \times 5 = 10 \equiv 3$

$[7M/12] = [7 \times 5/12] = 2$

$B + [B/4] = 32 + 8 = 40 \equiv -2$이고,

$H \equiv 0 + 3 + 2 - 2 = 3$이므로

2032년 7월 14일은 수요일입니다.

참고하기! 항을 하나씩 구해서 차근차근 더하는 것이 좋습니다. 첼러의 공식도 이용해보세요. 암산용으로는 더 편리할 수도 있거든요.

$[2.6 \times M - 0.2] = 2M + [0.6 \times M - 0.2]$

마술 78 _ 내 마음속 짝꿍

1. 카드를 몇 번을 떼든지 원 위에 있는 열일곱 개 숫자는 시계 방향을 따라 다음 순서로 배열됩니다.

$1-3-5-7-9-11-13-15-17-2-4-6-8-10-12-14-16$

물론 카드 앞면은 모두 아래를 향하고 있기 때문에 1번 카드가 어디 있는지는 알 수 없지만 순서만큼은 언제나 변함없습니다. 법 17에 대한 합동을 유지하면서 2만큼씩 커지고 있지요. (17 다음 2로 넘어가는 것도 17+2=19이기 때문입니다.)

2. 카드 장수를 셀 때는 뒤집은 카드(n)를 포함해서 세기 때문에 이번에 뒤집은 카드와 다음번 뒤집을 카드 사이의 간격은 ($n-1$) 칸입니다. 또한 한 칸을 건널 때마다 숫자는 2만큼씩 커집니다.

3. 따라서 다음 번 뒤집을 카드의 숫자는 $n+2(n-1)=3n-2$입니다. (물론 법 17에 대해 합동이지요.)

4. 이 규칙에 따라 움직일 때 1~17의 값은 다음과 같이 변합니다.

n	1	2	3	4	5	6	7	8	9	10	11	12	13	14	15	16	17
3n-2	1	4	7	10	13	16	2	5	8	11	14	17	3	6	9	12	15

5. 둘째 줄을 살펴보면

• 1~17이 모두 한 번씩만 들어 있고

• 1의 출발점은 첫째 줄의 1입니다.

6. 그렇다면 숫자가 어떻게 바뀌어 가는지 찬찬히 살펴볼까요? 출발점
으로 삼을 숫자를 하나 골라봅시다. 예를 들어 2부터 시작한다면 다음
과 같은 결과가 나옵니다.

2-4-10-11-14-6-16-12-17-15-9-8-5-13-3-7-다시 2

• 2부터 17까지 서로 다른 16개 값은 순환하고 있지만

• 1과는 절대 만나지 않습니다.

• 2가 아닌 다른 출발점에서 시작하더라도 열여섯 개 숫자의 순환이
똑같이 반복될 뿐 1은 거치지 않습니다.

→ 따라서 마지막에 남는 카드는 항상 1이 됩니다.

마술 82 _ 마법 산수

 둘 중 하나는 짝수, 하나는 홀수. 이건 확실하지만 둘 중 무엇이 더 큰
숫자인지는 알 수가 없습니다. 그런데 둘 중 하나에는 2를 곱했고 다른
하나에는 3을 곱한 것이 실마리입니다. 이렇게 얻은 두 값을 더했을 때
홀수가 나올 수 있는 유일한 경우는 바로 3을 곱한 수가 처음부터 홀
수였을 때밖에 없거든요. 따라서

• 관객이 구한 값이 홀수라는 것은 홀수가 왼쪽, 짝수가 오른쪽에 들

어있다는 의미가 되고

• 관객이 구한 값이 짝수라는 것은 짝수가 왼쪽, 홀수가 오른쪽에 들어있다는 의미가 됩니다.

왼쪽 주머니 속 숫자가 짝수인지 홀수인지에 따라, 그리고 큰 수인지 작은 수인지에 따라 네 가지 경우로 나누어 생각해볼 수 있습니다.

• 첫 번째 경우: 왼<오, 왼=짝

식으로 표현하면 왼=2k, 오=2k+1이므로

계산하면 6k+4k+2=10k+2가 되고

관객이 구한 값은 2로 끝납니다.

• 두 번째 경우: 왼<오, 왼=홀

식으로 표현하면 왼=2k-1, 오=2k이므로

계산하면 6k-3+4k=10k-3이 되고

관객이 구한 값은 7로 끝납니다.

• 세 번째 경우: 왼>오, 왼=짝

식으로 표현하면 왼=2k, 오=2k-1이므로

계산하면 6k+4k-2=10k-2가 되고

관객이 구한 값은 8로 끝납니다.

• 첫 번째 경우: 왼>오, 왼=홀

식으로 표현하면 왼=2k+1, 오=2k이므로

계산하면 6k+3+4k=10k+3이 되고

관객이 구한 값은 3으로 끝납니다.

이제는 관객이 구한 값이 어떤 수로 끝나는지에 따라 네 가지로 나누어 생각해봅시다.

• 첫 번째 경우: 2로 끝날 때

십의 자리 숫자에 2를 곱하면 '왼'이 나오고

오=왼+1입니다.

• 두 번째 경우: 7로 끝날 때

3을 더해서 나온 값의 십의 자리 수에 2를 곱하면 '오'가 나오고

왼=오-1입니다.

• 세 번째 경우: 8로 끝날 때

2를 더해서 나온 값에 십의 자리 수에 2를 곱하면 '왼'이 나오고

오=왼-1입니다.

• 네 번째 경우: 3으로 끝날 때

십의 자리 숫자에 2를 곱하면 '오'가 나오고

왼=오+1입니다.

네 가지 경우의 예를 들어봅시다.

• 첫 번째 경우: 관객이 구한 값이 382일 때

→ '왼'은 짝수이고 값은 38×2=76

→ 오=왼+1=77

• 두 번째 경우: 관객이 구한 값이 437일 때

→ '왼'은 홀수이고

→ 437+3=440에서 십의 자리 수를 골라 계산하면 오=44×2=88

→ 왼=오-1=87

• 세 번째 경우: 관객이 구한 값이 418일 때→ '왼'은 짝수이고

→ 418+2=420에서 십의 자리 수를 골라 계산하면 왼=42×2=84

→ 오=왼-1=83

• 네 번째 경우: 관객이 구한 값이 123일 때→ '왼'은 홀수이고

→ 오=12×2=24

→ 왼=오+1=25

기억하기!

• 관객이 구한 값과 '왼'은 홀짝이 같다.

• 관객이 구한 값이 2 또는 3으로 끝나면 오=왼-1이고
두 수 중 하나는 십의 자리 숫자의 2배다.

• 관객이 구한 값이 7 또는 8로 끝나면 오=왼+1이고
두 수 중 하나는 십의 자리 숫자의 2배에 1을 더한 값이다.

—— • —— 마술 찾아보기 —— • ——

- **카드 마술**
  즉흥 마술 6~8, 12~13, 27, 37~40, 42, 53, 54, 59, 63~65, 73
  키카드 마술 5, 11, 19, 35, 51, 71
  사전 준비가 필요한 마술 3, 15, 23, 24, 34, 36, 44, 56, 66~70, 72, 83

- **일상소품 마술** 1, 2, 4, 16, 17, 29, 30, 45, 46, 49, 50, 75, 80

- **특별 도구 마술** 3, 9, 10, 18, 20, 21, 31~33, 47~49, 69, 74~76, 78

- **연산 마술** 1, 2, 4, 7, 9, 10, 14, 20~22, 25~29, 37, 38, 40~44, 47, 52, 55~58,
  60~64, 71, 72, 74~77, 80, 81

- **기수법** 25~29, 55, 56, 58, 74~77

- **합동** 76~78

- **암산** 80~82

- **논리** 5, 11, 19, 31~33, 40, 44~46, 48, 49, 53, 54, 79

- **조직, 좌표, 전단사함수(일대일대응)** 3, 11, 12, 14, 15, 23, 30, 34, 36, 39, 42,
  65~67, 70, 72, 73, 75

- **패리티(홀짝)** 4, 7, 31, 37, 45, 82, 83

- **불변수 찾기** 1, 2, 6, 9, 10, 13~15, 20~22, 35, 37, 38, 41~44, 48, 49, 52, 58,
  60~62, 64, 71~73

- **기하학**
  공간 16~18
  대칭, 이동, 벡터 7, 8, 31~33, 38, 39, 59, 68